우리 아이 수학 고민 해결! 『그리는 초등 수학』으로 시작하세요!

현장에서 아이들을 지도하며 깨달은 것은, 저학년 수학이 쉽다고 해서 안심할 수 없다는 점입니다. 학년이 올라갈수록 수학은 추상적이고 깊이 있는 이해가 필요합니다. 이때 기초 개념이 부족하면 앞으로 수학을 공부할 때 어려움을 겪을 수밖에 없습니다. 그렇기에 많은 부모님들이 아이에게 수학 공부를 어떻게 시켜야 할지 고민하고 계십니다.

실제로 기초 이해가 제대로 잡히지 않은 채 초등 저학년에서 고학년으로 넘어가면 아이들이 수학을 점점 힘들어하는 모습을 보입니다. 그리고 이러한 경험은 중학교, 고등학교 수학 학습에도 고스란히 영향을 미칩니다.

왜 『그리는 초등 수학』일까요?

초, 중, 고 12년 수학의 튼튼한 뼈대를 세우는 초등 수학 과정에는 학생들이 정확히 이해했는지 꼼꼼하게 확인하고, 다음 단계로 넘어가야 하는 핵심 주제들이 있습니다.

첫 번째 핵심 주제는 초등 교과 과정 2학년에 배우는 '구구단'입니다. 단순해 보이지만 절대 쉽지 않은 구구단은 3학년의 '두 자리 수의 곱셈과 나눗셈', 5학년의 '통분과 약분'의 기초가 되는 핵심 개념이라 아주 중요합니다. 구구단을 정확하게 외우지 않고 3학년이 된 학생들은 '두 자리 수의 곱셈과 나눗셈'부터 어려워하기 시작하고, 이후 5학년 때 '통분과 약분'을 배우면 따라 오지 못해 수학 과목 자체를 멀리하게 되는 경우가 많습니다.

두 번째로 4학년에서 학습하게 되는 '평면도형의 이동'은 개인의 공간 감각의 차이에 따라 아이들이 특히 어려워하는 핵심 주제입니다. '평면도형의 이동'은 5학년의 '합동과 대칭'의 중요한 기초 개념이 되고, 이후 중학 수학에서의 도형의 합동과 닮음으로 확장됩니다.

세 번째로 아날로그시계와 다양한 시험에서 여러 가지 형태로 출제되는 달력 역시 많은 아이들이 공통으로 어려워하는 주제입니다.

『그리는 초등 수학』은 이처럼 반드시 이해하고 학습해야 하는 주제, 그리고 많은 학생이 유독 어려워하는 주제들을 선별하여 꼼꼼하게 다룹니다. 물론 수학의 영역과 주제별로 학생 개개인의 체감 난이도가 다를 수 있습니다. 초등 수학은 아이들의 인지 발달에 맞춰 체계적으로 구성되어 있습니다. 그래서 어려워하는 주제가 있다면 지나치지 않고 기초부터 정확하게 배우며, 충분한 반복 연습을 통해 확실히 익히는 게 좋습니다.

『그리는 초등 수학』은 이러한 어려움을 정확하게 파악하고, 아이들이 수학을 더 이상 어려워하지 않고, 즐겁게 공부할 수 있도록 돕는 든든한 길잡이가 될 것입니다.

『그리는 초등 수학: 시계와 달력』

- 분 단위로 세세하게 나누어 모든 시각을 읽어 보는 것부터 1시간, 1일, 1주일, 1개월, 1년의 시간 개념까지, 실생활과 밀접하게 관련된 시계와 달력을 쉽고 재미있게 이해하도록 돕습니다.
- 추상적인 시각과 시간의 개념을 다양한 그림과 활동을 통해 시각적으로 제시하여 아이들의 이해도를 높입니다.
- 시간의 단위를 이해하여 계획적인 생활 습관 형성에 도움을 줍니다.

『그리는 초등 수학: 구구단』

- 곱셈과 나눗셈의 기초가 되는 구구단을 단순 암기가 아닌, 원리부터 이해하도록 돕습니다.
- 뛰어 세기, 묶어 세기, 같은 수 더하기 등의 구구단 원리를 시각적 자료로 보여 주고, 반복 연습을 통해 구구단을 자연스럽게 익히도록 유도합니다.
- 높은 구구단, 헷갈리는 구구단의 값을 쉽고 정확하게 찾는 방법을 제시하여 구구단을 완벽하게 마스터합니다.

『그리는 초등 수학: 평면도형의 이동』

- 밀기, 뒤집기, 돌리기 등 아이들이 어려워하는 평면도형의 이동 방법을 도형의 기본 요소인 점부터 시작하여 선, 면으로 확장하며 체계적으로 설명합니다.
- 뒤집기와 돌리기를 방향별, 각도별로 나누어 학습함으로서 공간 감각을 높이고, 도형의 이동 규칙을 찾아 논리적 사고력을 키웁니다.
- 기하학적 사고의 기초를 다져 미래의 수학 학습에 긍정적인 영향을 줍니다.

초등학교 수학에서 '평면도형의 이동' 단원은 많은 아이들이 유독 어려워하는 부분입니다. 눈에 보이는 사물과 달리, 평면도형의 이동은 머릿속에서 상상하고 그려 내야 하기 때문입니다. 특히, 밀기, 뒤집기, 돌리기 등 다양한 이동 방법을 이해하고 적용하는 것은 아이들에게 쉽지 않습니다.

하지만 평면도형의 이동은 단순한 도형 학습을 넘어 아이들의 공간 감각과 논리적 사고력을 키워 주는 중요한 학습 영역입니다. 도형의 위치와 방향의 변화를 상상하고 시각화하는 능력은 공간을 이해하는 데 필수적이며, 논리적 사고와 추론 능력은 수학적 사고력 발달에 중요한 역할을 합니다.

『그리는 초등 수학: 평면도형의 이동』은 평면도형의 이동 방법을 쉽게 이해할 수 있도록 구성된 탁월한 교재입니다. 아이들의 눈높이에 맞는 그림과 재미있는 활동을 통해 도형의 이동 원리를 직관적으로 이해할 수 있도록 도와 주고, 아이들이 어려워하는 부분을 고려하여 단계별로 세심하게 설명합니다.

이 책을 통해 아이들이 평면도형의 이동에 대한 두려움을 극복하고, 수학에 대한 흥미를 느끼고 자신감을 얻기를 기대합니다.

김아영 선생님 (이곡초등학교)

아이가 유독 도형 문제만 나오면 풀기를 꺼려 했습니다. 문제를 어떻게 풀어야 할지 감조차 잡지 못하는 듯 보였어요. 그러던 중 『그리는 초등 수학: 평면도형의 이동』을 알게 되었고, 반신반의하는 마음으로 아이에게 주었습니다. 그런데 이게 웬걸! 아이가 책을 보며 문제를 풀기 시작하는 겁니다! 아이 눈높이에 맞춰 설명된 개념 덕분에 쉽게 이해하는 것 같았어요. 특히, 다양한 그림과 예시를 통해 평면도형의 이동 원리를 시각적으로 보여 주는 게 좋았습니다. 아이가 평면도형의 이동을 어려워한다면 『그리는 초등 수학: 평면도형의 이동』을 꼭 활용해 보세요.

박혜진 (만 10세 자녀를 둔 부모)

❗ **점**에서 시작하여 **선**, **면**으로 확장하며 도형의 이동을 학습할 수 있어요.

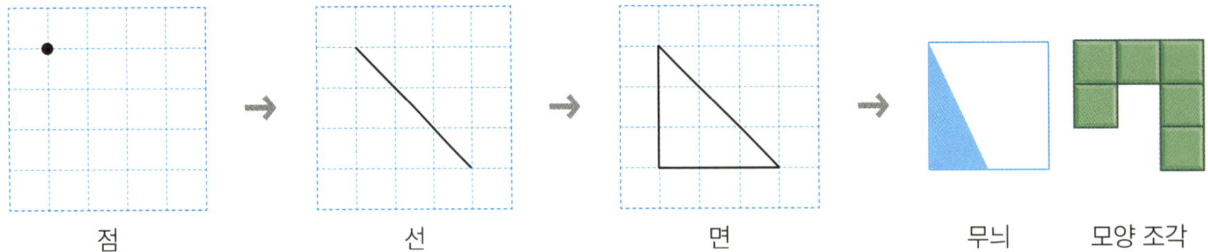

점의 이동으로 위치를 찾는 것부터 시작하여 선, 면의 이동으로 방향의 변화를 이해하고, 생활에서 만날 수 있는 무늬, 조각, 숫자, 문자 등으로 평면도형의 이동을 완성합니다.

❗ **방향**과 **각도**를 나누어 학습하면서 규칙을 발견할 수 있어요.

좌우 뒤집기와 상하 뒤집기로 나누어 학습함으로 도형의 방향이 바뀌는 규칙을 찾습니다.

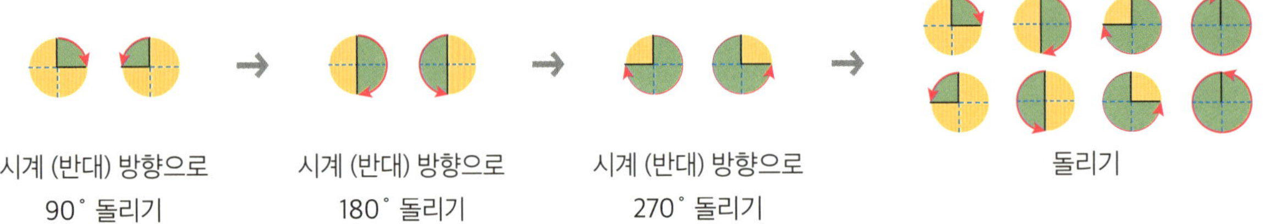

도형을 시계 방향과 시계 반대 방향으로 **90°** 만큼 돌려 보면서 방향을 이해하고, **180°** 만큼 돌려 보면서 서로 반대 방향으로 돌려도 도형의 방향이 같음을 발견하고, **270°** 만큼 돌려 보면서 **90°** 만큼 돌린 도형과의 관계를 찾습니다.

이처럼 뒤집는 방향과 돌리는 각도를 나누어 학습함으로 자연스럽게 도형 이동의 규칙을 발견하고, 복잡한 이동을 단순한 이동으로 바꾸어 나타냅니다.

? 투명 종이로 시작하여 점차 머릿속으로 상상하는 훈련이 중요해요.

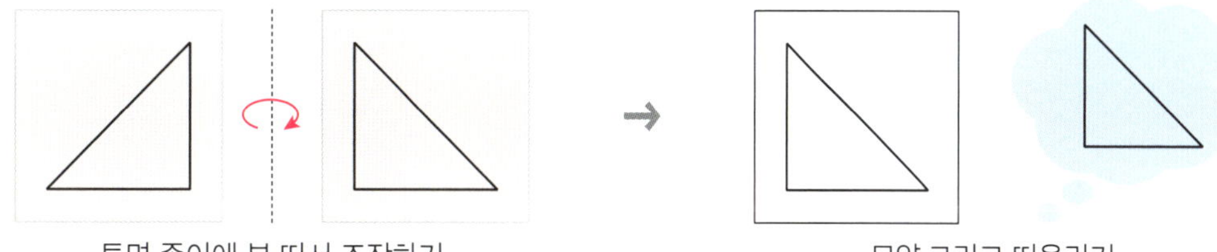

도형의 이동 결과를 그릴 때는 투명 종이에 도형을 그려 움직여 보는 것이 도움이 됩니다. 다만, 투명 종이를 이용할 때는 결과를 보고 그리는 것과 함께 반드시 눈을 감고 한 번 더 이미지를 떠올리는 과정을 거쳐 점차 구체물 없이도 공간 추론이 가능해야 합니다.

? 기준점을 정하여 이동하면 공간의 변화를 정확하게 추론할 수 있어요.

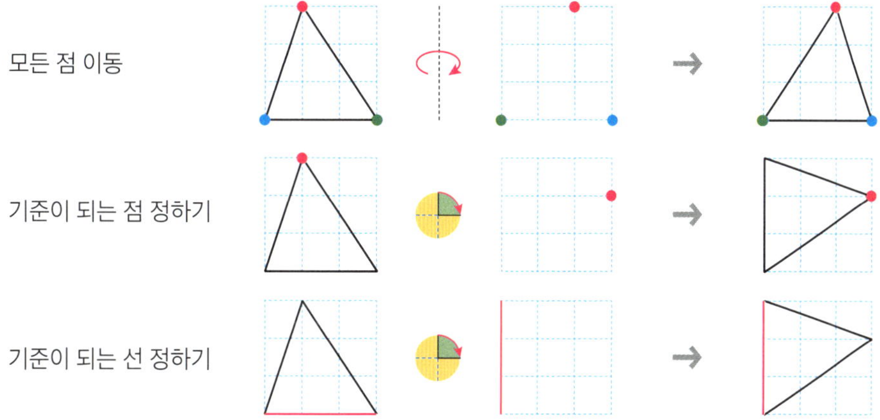

뒤집거나 돌린 도형을 쉽게 그리려면 기준점을 정하고, 뒤집거나 돌렸을 때의 기준점의 위치를 찾은 후 기준점부터 시작하여 도형을 그립니다.

? 뒤집었을 때의 방향과 180° 돌렸을 때의 방향의 차이를 구분할 수 있어요.

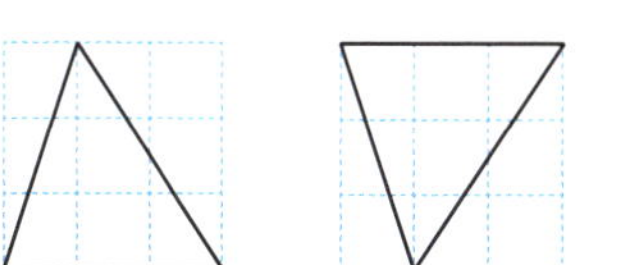
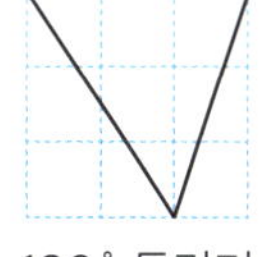

도형을 위쪽으로 뒤집으면 위아래가 바뀌고 180° 돌려도 위아래가 바뀌므로 뒤집기와 180° 돌리기를 혼동할 수 있습니다.

점, 선, 면, 모양 조각 등 다양한 도형을 움직이며 뒤집기와 돌리기의 차이점을 이해합니다.

점, 선, 면의 이동을 차례로 그리면서 연습해요.

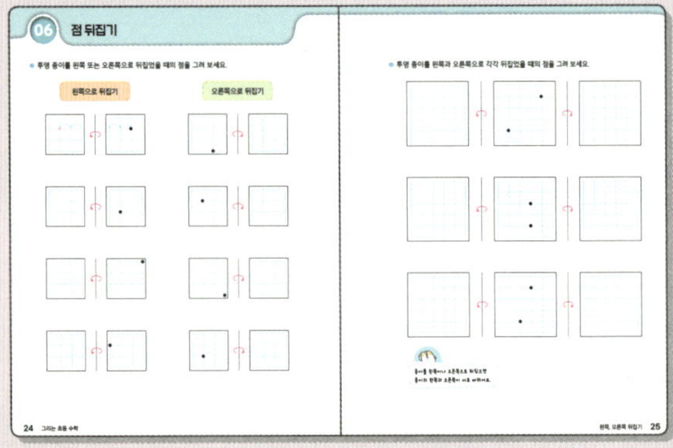

|점의 이동

도형의 가장 기본이 되는 점을 밀고, 뒤집고,
돌리면서 도형을 이동한 위치를 찾습니다.

|선의 이동

방향을 나타낼 수 있는 선을 밀고, 뒤집고,
돌리면서 도형을 이동했을 때의 방향을
이해합니다.

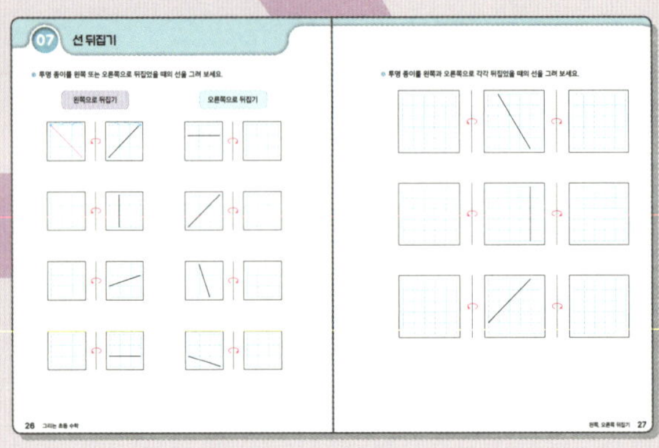

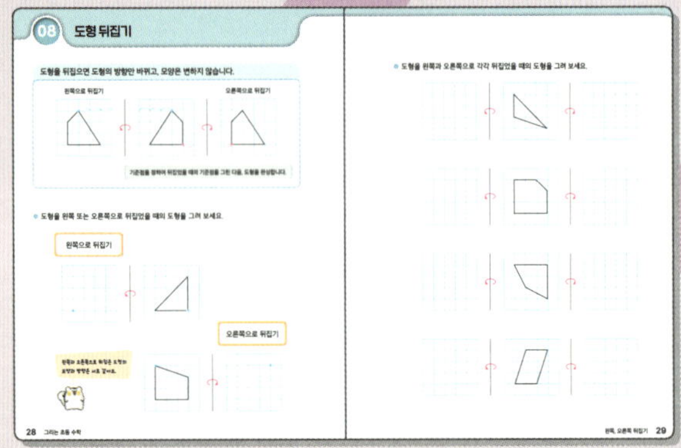

|면의 이동

기준점을 정하여 여러 가지 평면도형을 밀고,
뒤집고, 돌린 도형을 그리는 연습을 합니다.

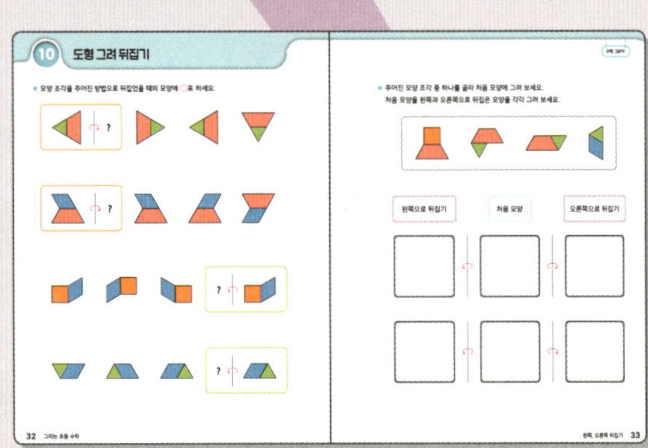

• 수학 그리기 •

직접 도형의 모양 또는 움직이는 방법을
정하여 그려봄으로 도형의 이동을 완성합
니다.

● 도형을 왼쪽, 오른쪽, 위쪽, 아래쪽으로 뒤집습니다.

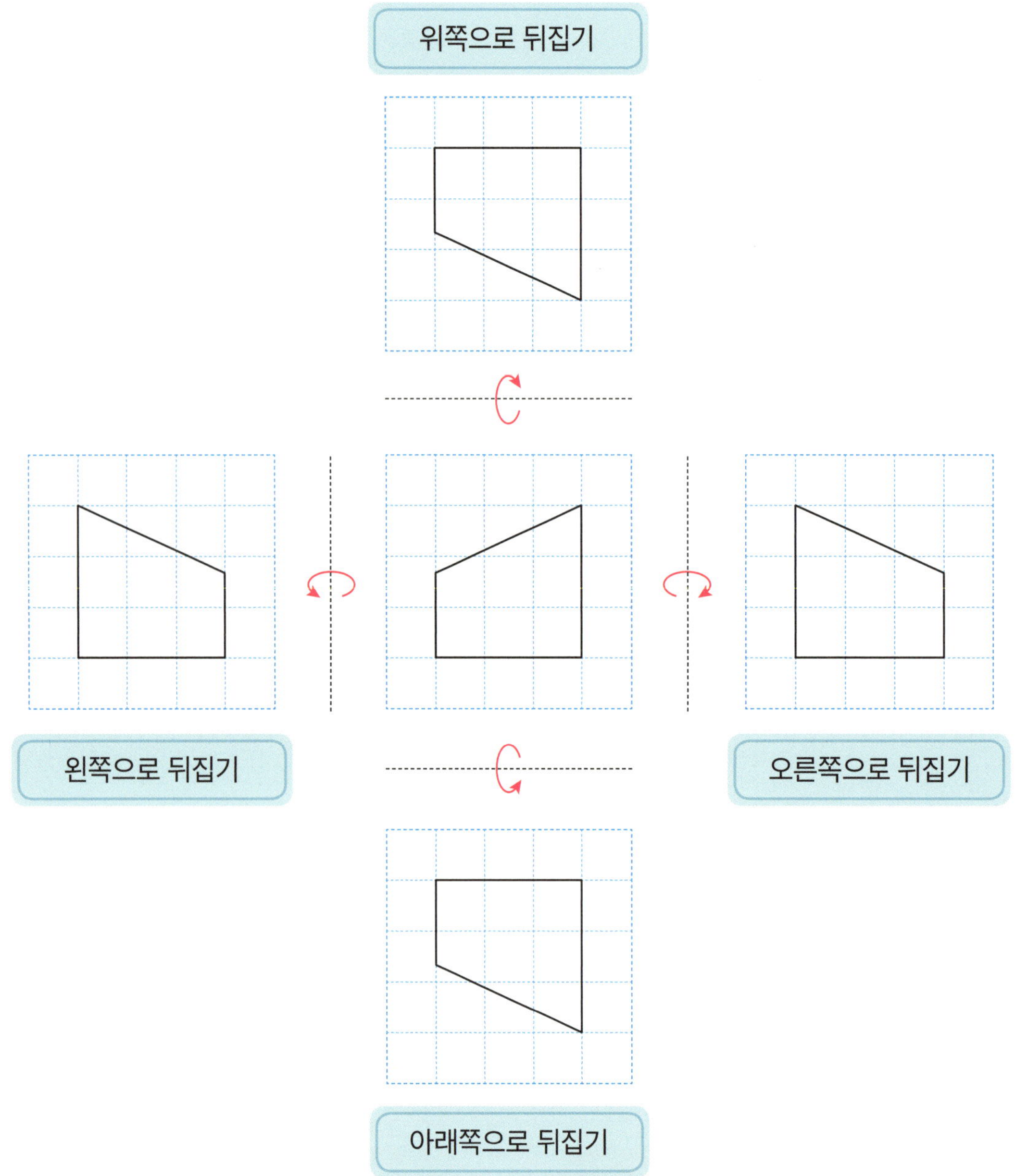

• 왼쪽으로 뒤집은 도형과 오른쪽으로 뒤집은 도형의 방향이 같습니다.

• 위쪽으로 뒤집은 도형과 아래쪽으로 뒤집은 도형의 방향이 같습니다.

🔶 도형을 시계 방향 또는 시계 반대 방향으로 90°, 180°, 270°, 360°만큼 돌립니다.

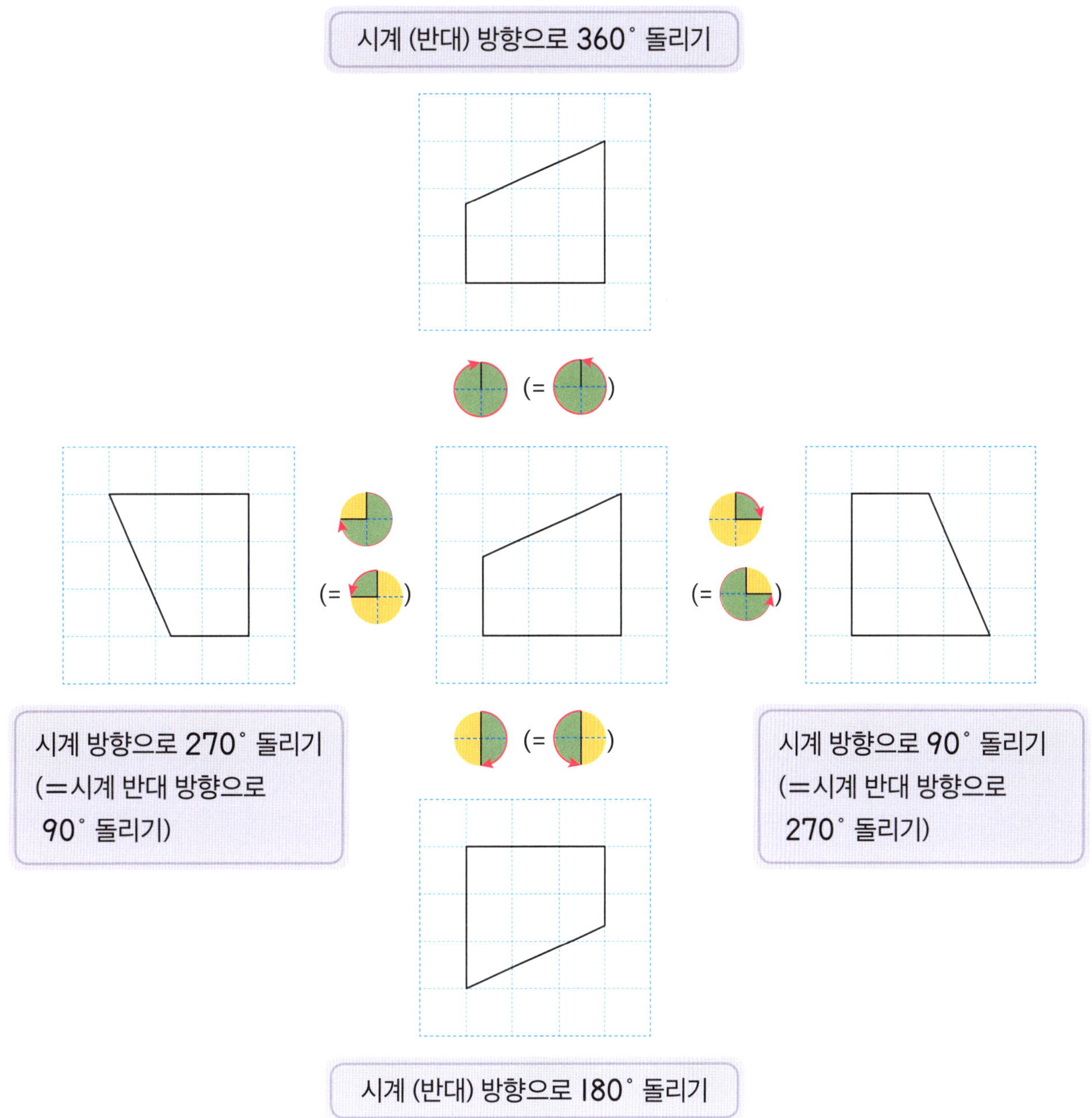

- 90° 돌리기: 반대 방향으로 270°만큼 돌린 도형과 방향이 같습니다.
- 180° 돌리기: 시계 방향과 시계 반대 방향으로 돌린 도형의 방향이 서로 같습니다.
- 360° 돌리기: 처음 도형과 방향이 같습니다.

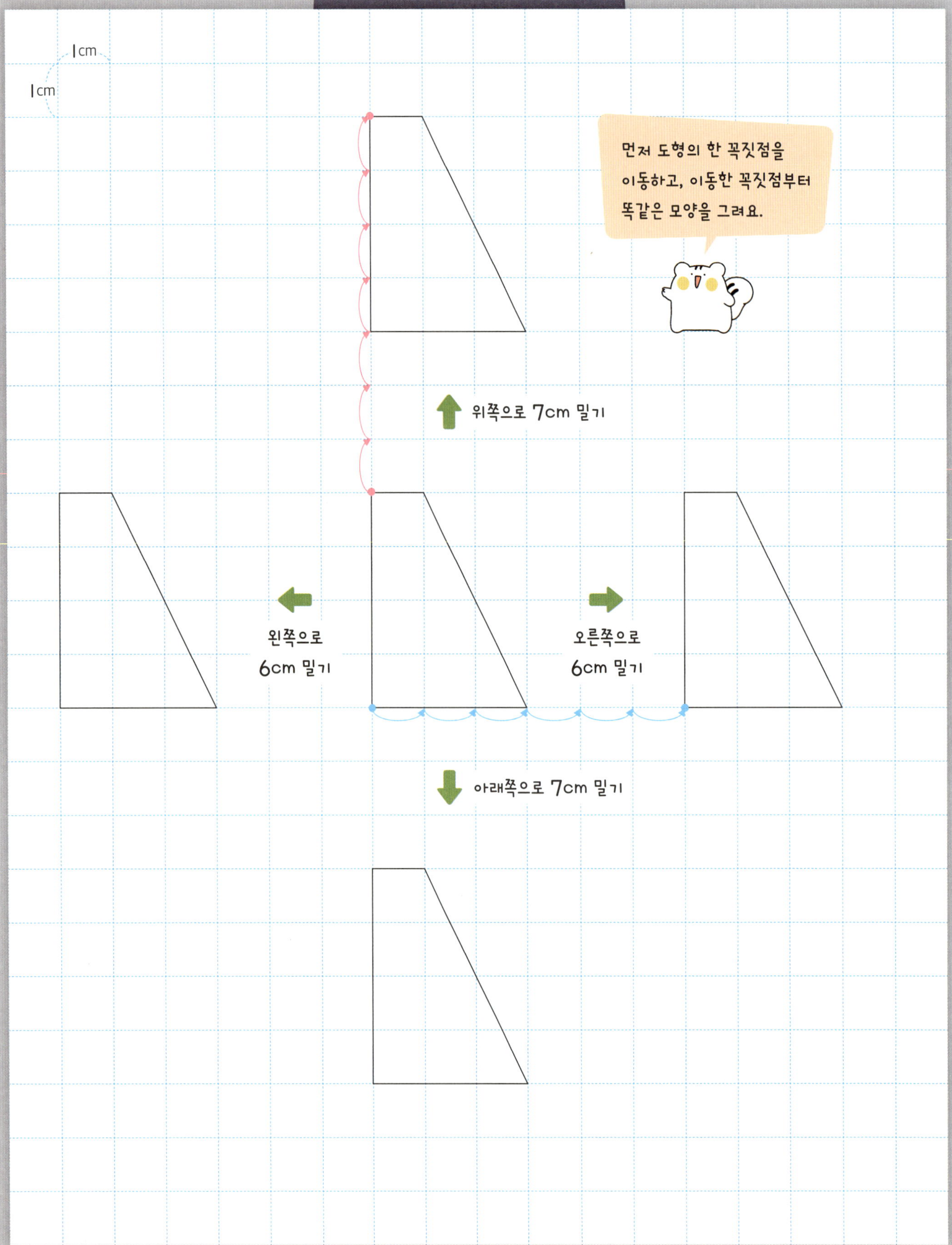

1cm
1cm
먼저 도형의 한 꼭짓점을
이동하고, 이동한 꼭짓점부터
똑같은 모양을 그려요.
위쪽으로 7cm 밀기
왼쪽으로
6cm 밀기
오른쪽으로
6cm 밀기
아래쪽으로 7cm 밀기

점을 주어진 방법으로 밀었을 때의 점을 그려 보세요.

오른쪽으로 3칸 밀기

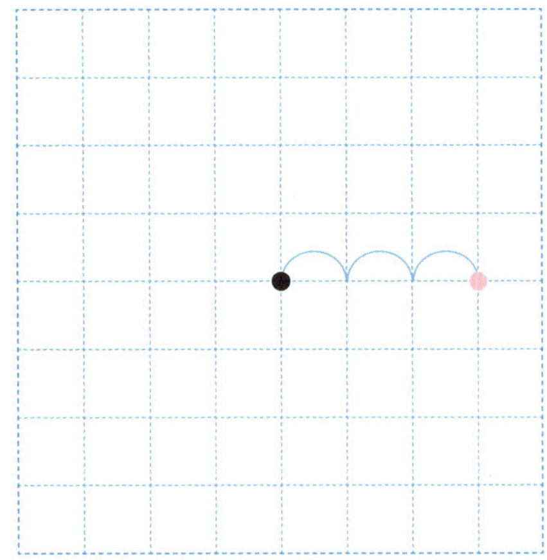

왼쪽으로 5칸 밀기

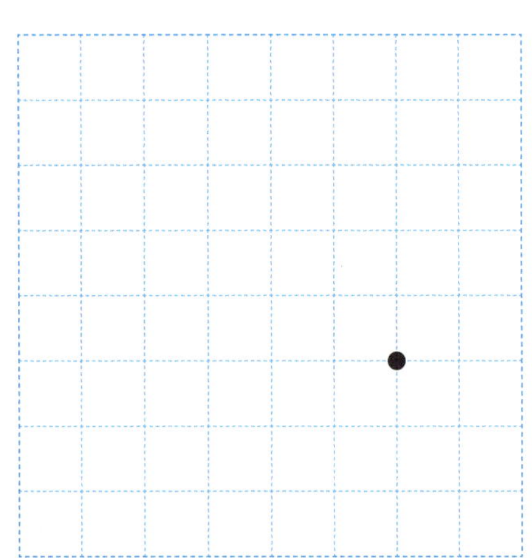

위쪽으로 2칸 밀기

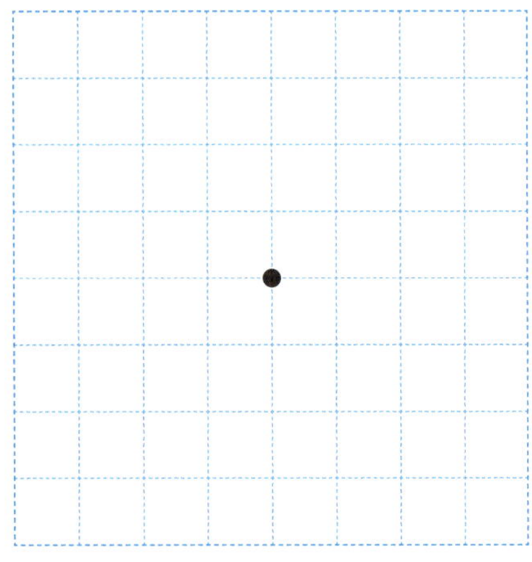

아래쪽으로 6칸 밀기

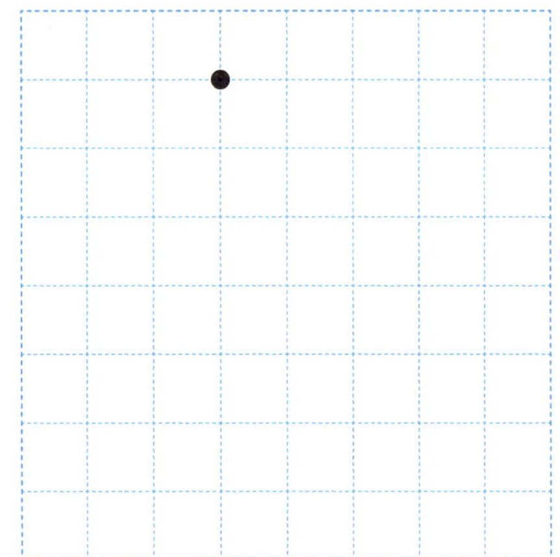

✿ 점을 주어진 방법으로 밀었을 때의 점을 그려 보세요.

오른쪽으로 2칸,
위쪽으로 4칸 밀기

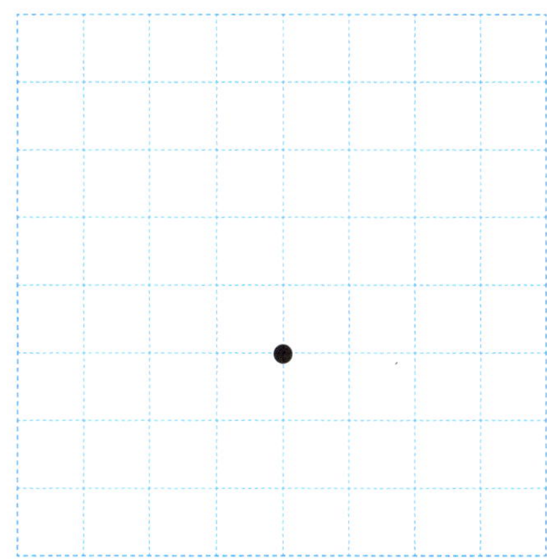

아래쪽으로 5칸,
왼쪽으로 3칸 밀기

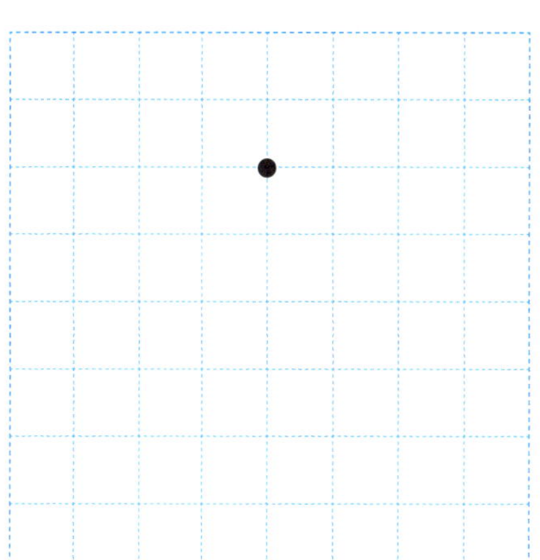

왼쪽으로 6칸,
위쪽으로 1칸 밀기

오른쪽으로 3칸,
아래쪽으로 3칸 밀기

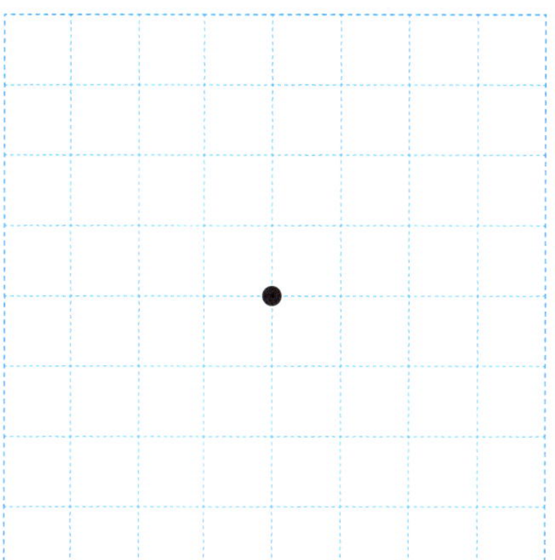

🌼 선을 주어진 방법으로 밀었을 때의 선을 그려 보세요.

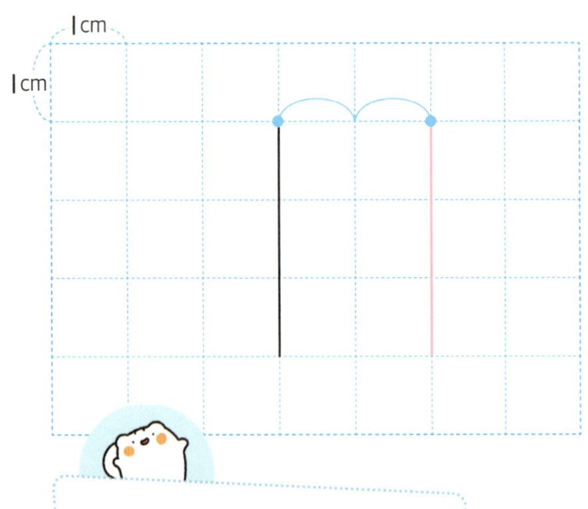

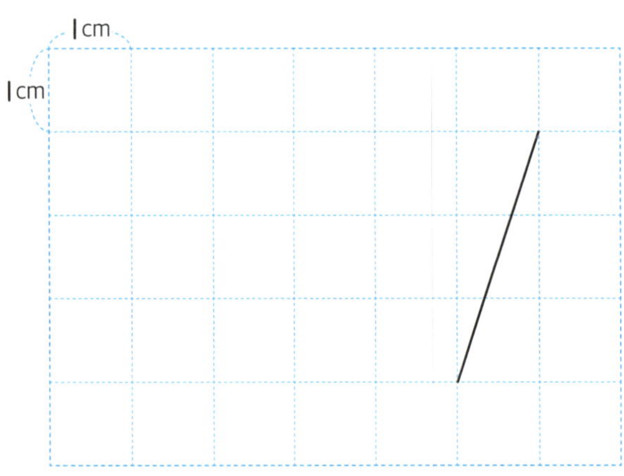

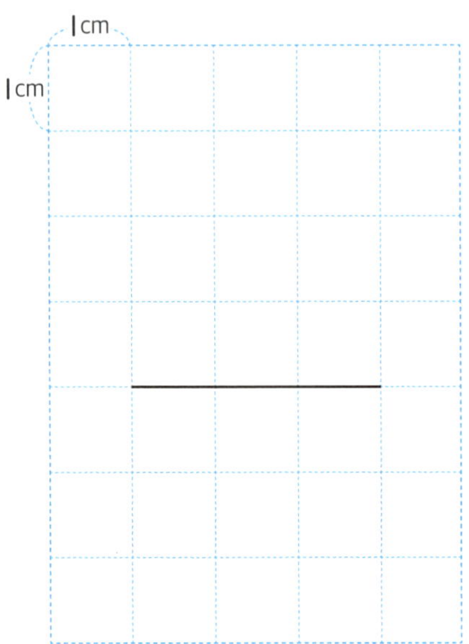

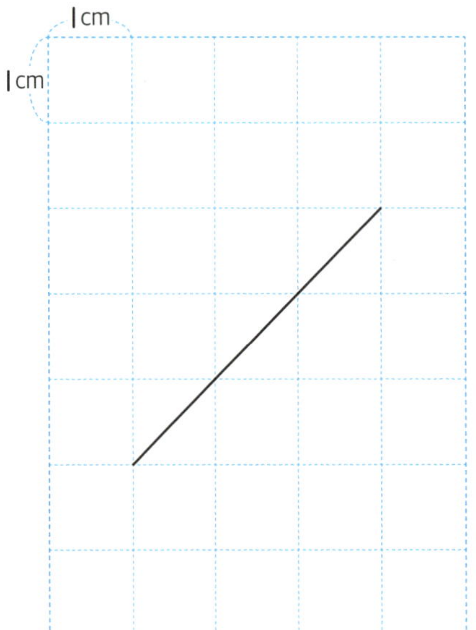

◎ 선을 주어진 방법으로 밀었을 때의 선을 그려 보세요.

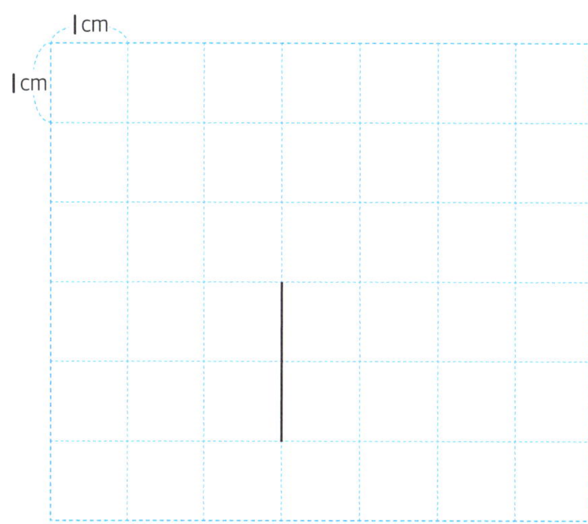

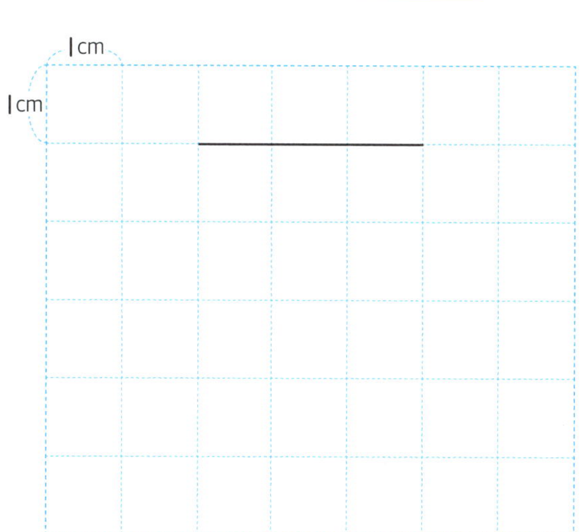

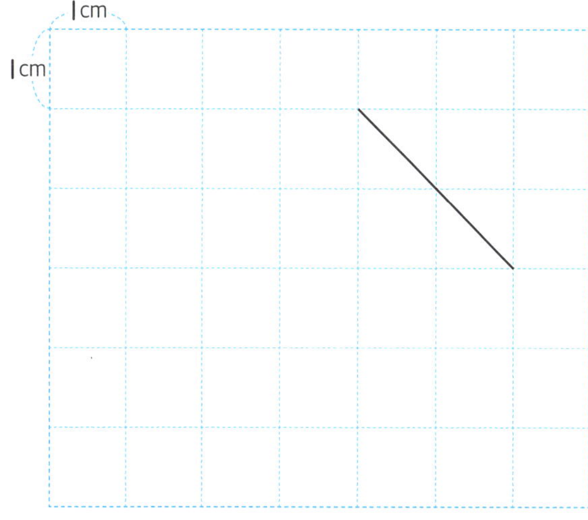

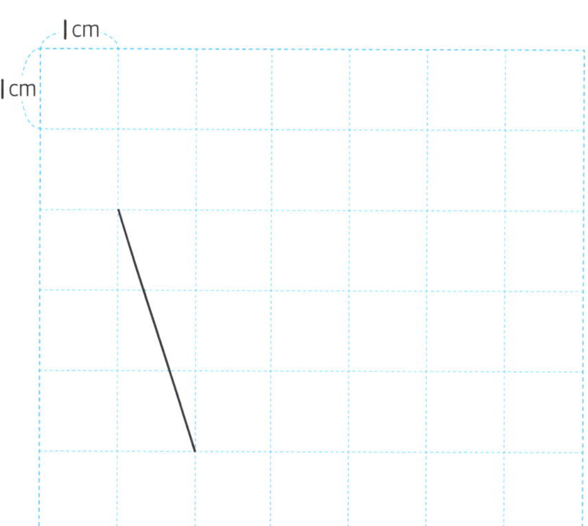

도형을 밀면 도형의 위치만 바뀌고, 모양은 변하지 않습니다.

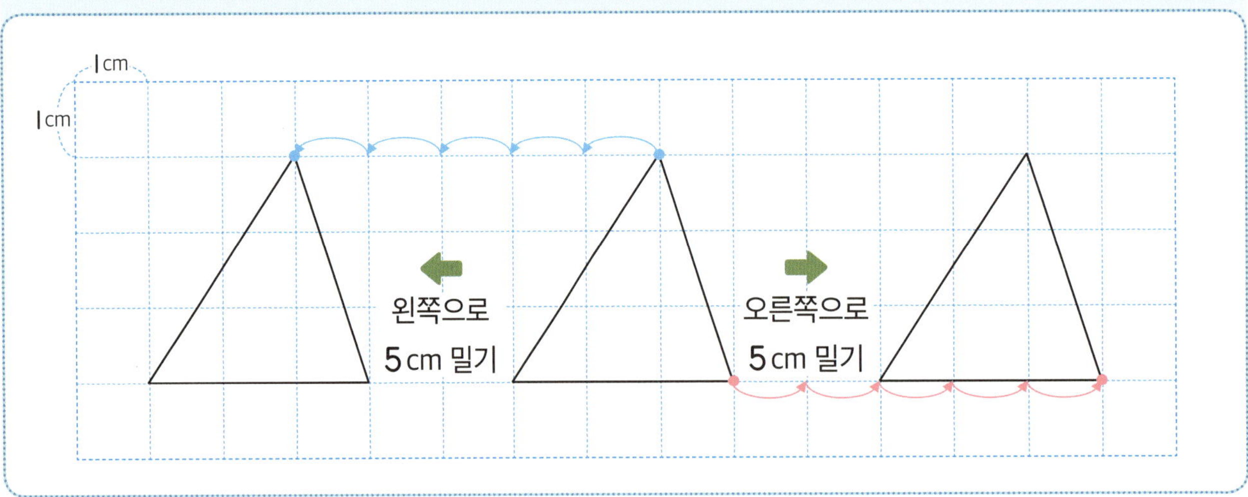

● 도형을 주어진 방법으로 밀었을 때의 도형을 그려 보세요.

위쪽으로 4 cm 밀기	아래쪽으로 3 cm 밀기

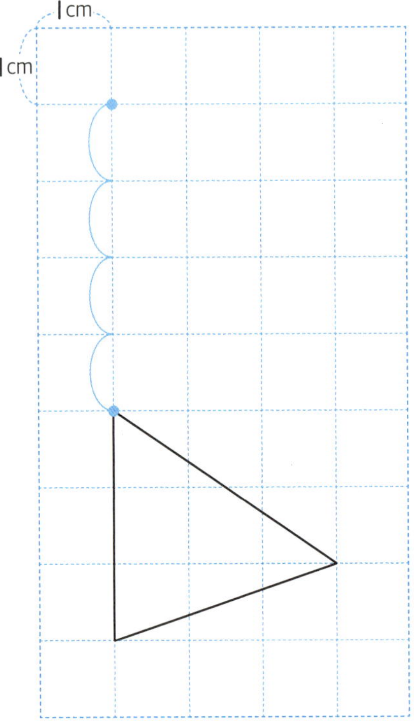

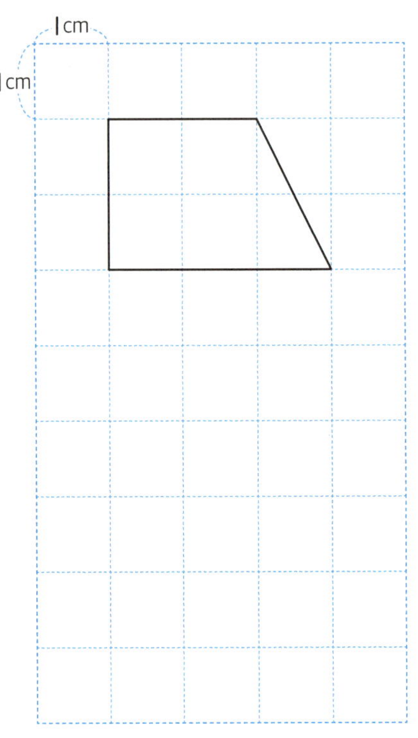

● 도형을 주어진 방법으로 밀었을 때의 도형을 그려 보세요.

왼쪽으로 6 cm, 아래쪽으로 1 cm 밀기

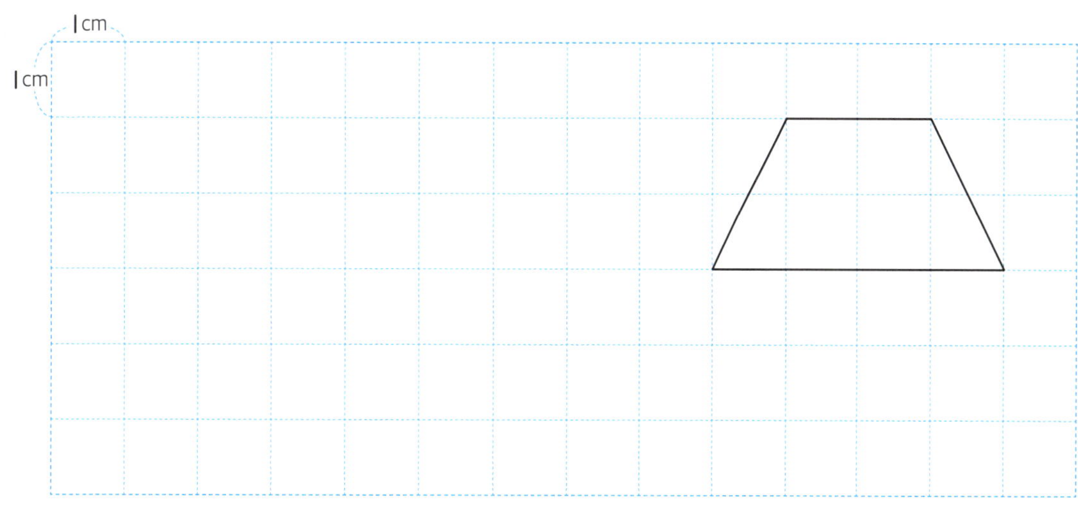

오른쪽으로 5 cm, 위쪽으로 2 cm 밀기

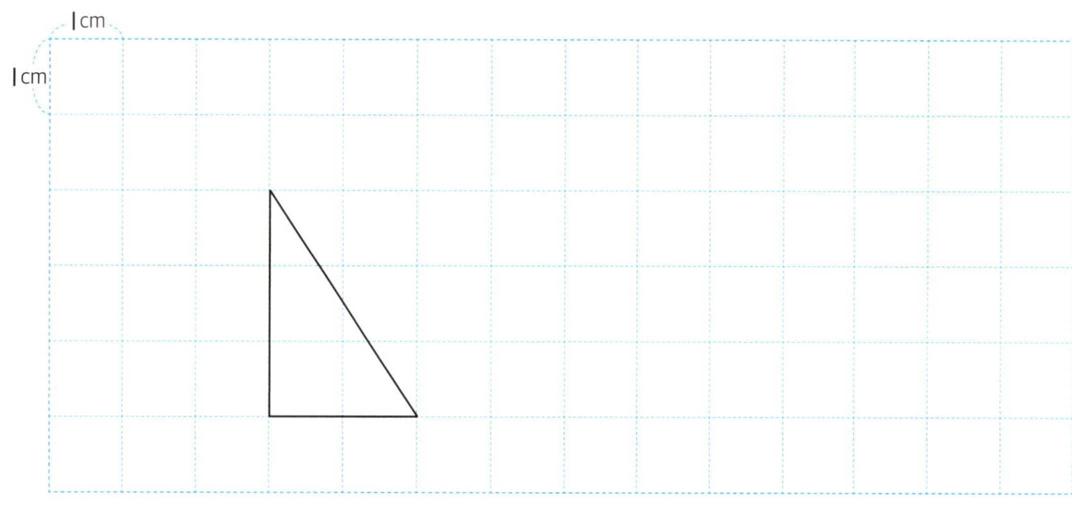

◎ 가 조각을 밀어서 나 조각이 되었습니다. 조각을 움직인 방법을 써 보세요.

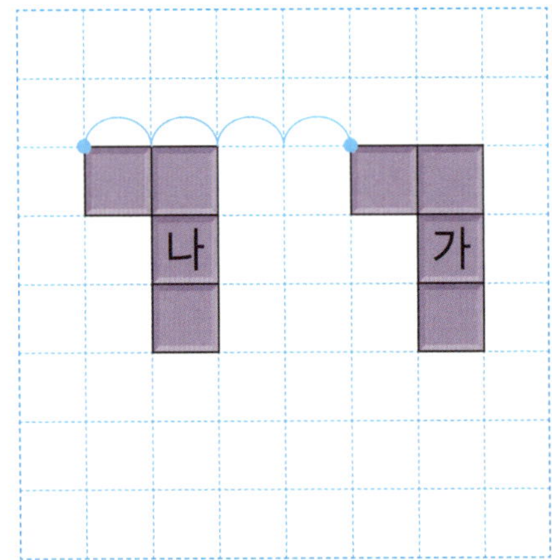

왼쪽으로 ☐ 칸 밀기

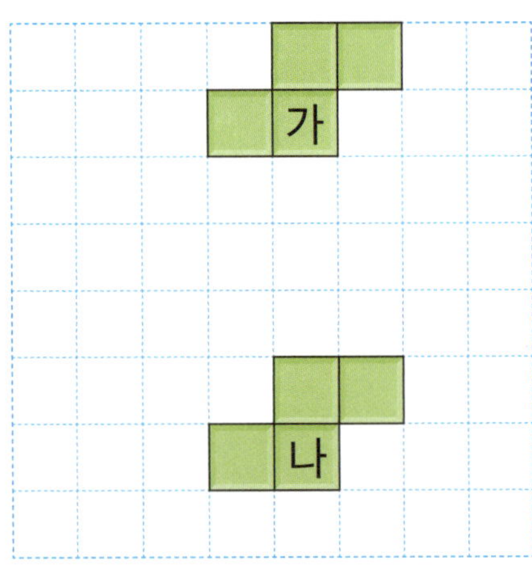

아래쪽으로 ☐ 칸 밀기

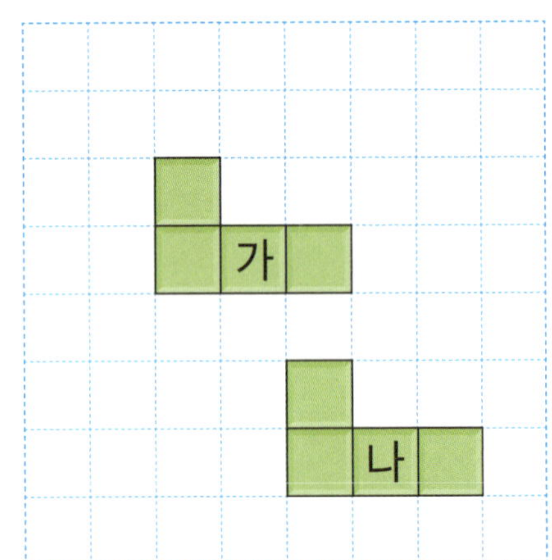

오른쪽으로 ☐ 칸,

아래쪽으로 ☐ 칸 밀기

위쪽으로 ☐ 칸,

☐ 쪽으로 ☐ 칸 밀기

✿ 조각을 밀어서 사각형을 꼭 맞게 채웁니다. 가, 나, 다, 라 조각을 움직인 방법을 써 보세요.

가 　□쪽으로 □칸 밀기

나 　□쪽으로 □칸 밀기

다 　왼쪽으로 □칸, □쪽으로 □칸 밀기

라 　위쪽으로 □칸, □쪽으로 □칸 밀기

● 가 도형을 밀어서 나 도형이 되었습니다. 도형을 움직인 방법을 써 보세요.

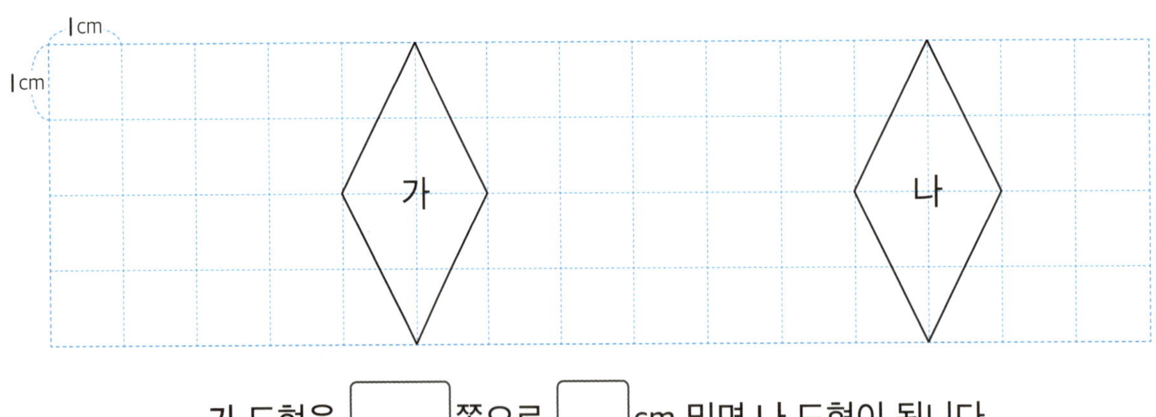

가 도형을 ☐쪽으로 ☐ cm 밀면 나 도형이 됩니다.

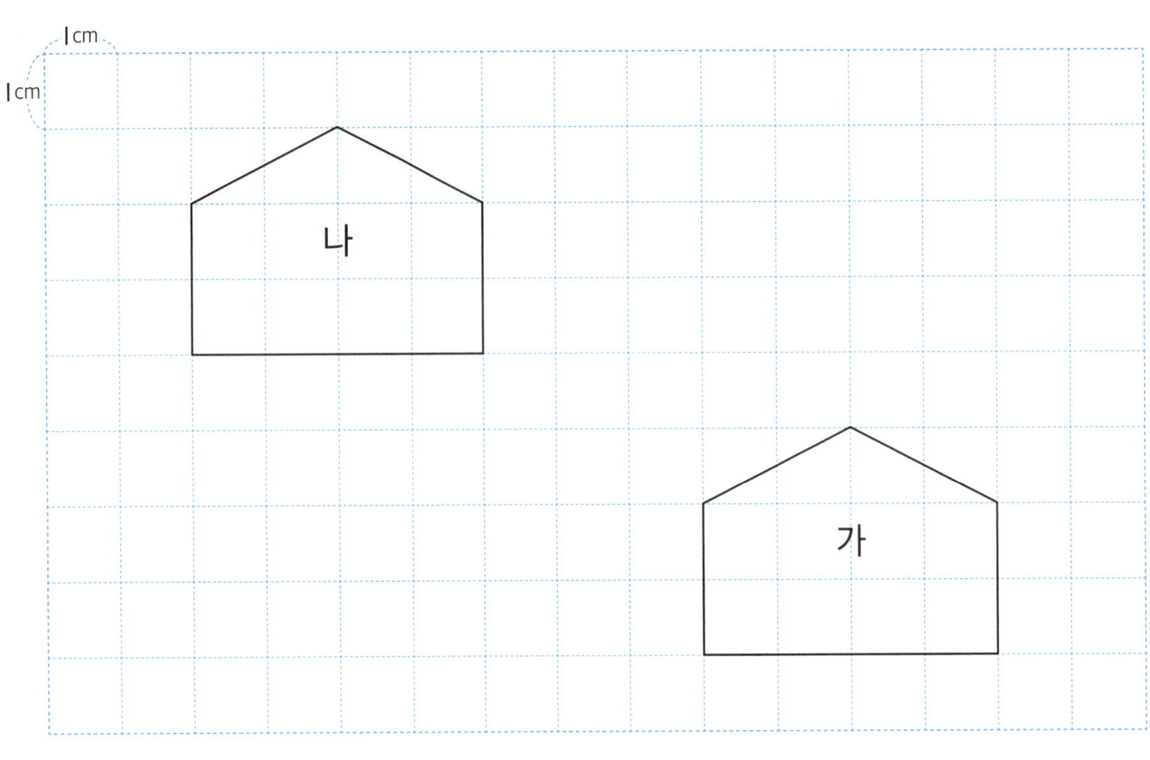

가 도형을 ☐쪽으로 ☐ cm, ☐쪽으로 ☐ cm 밀면 나 도형이 됩니다.

◎ 가 도형과 위치만 다르고 모양과 방향이 같은 나 도형을 그리고, 움직인 방법을 써 보세요.

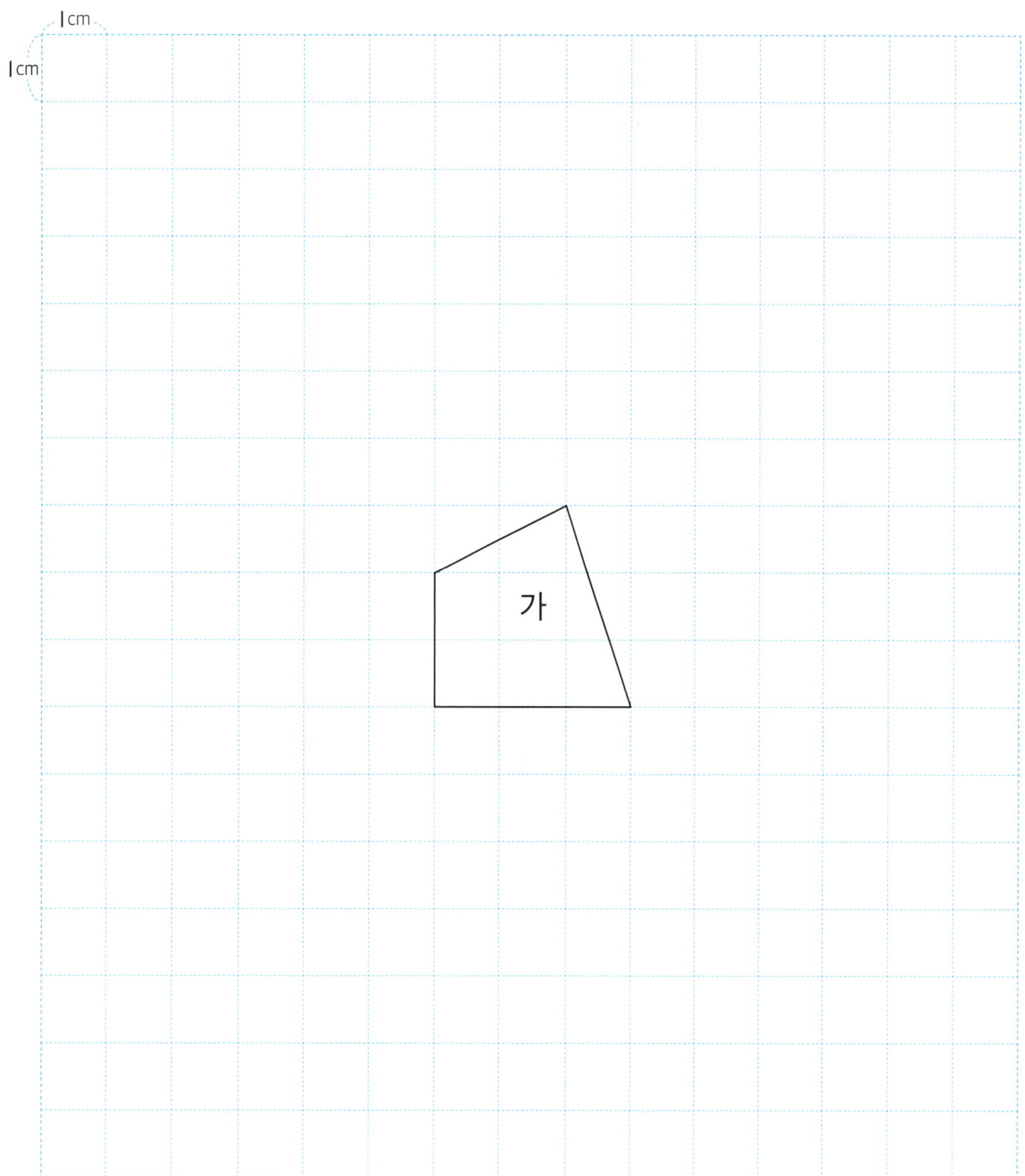

가 도형을 ______ 쪽으로 ____ cm, ______ 쪽으로 ____ cm 밀면 나 도형이 됩니다.

왼쪽으로 뒤집기

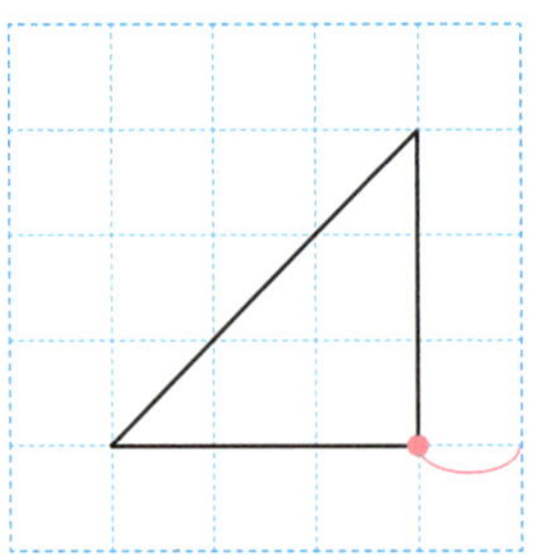

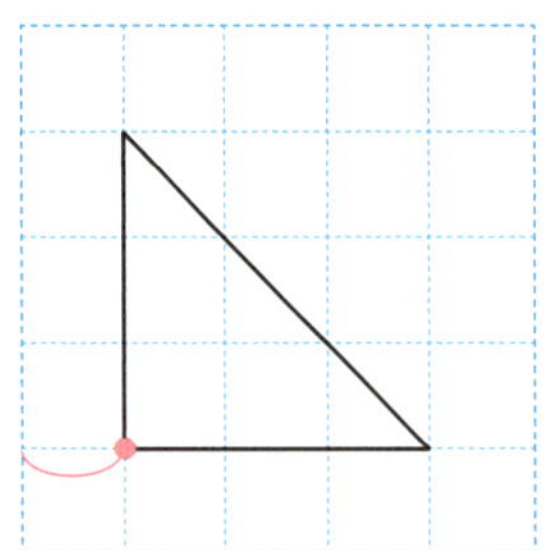

뒤집은 모양은 거울에
비친 모양과 같아요.

오른쪽으로 뒤집기

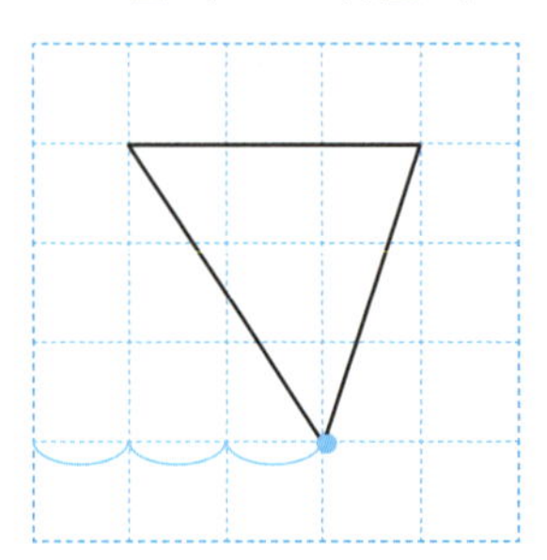

왼쪽으로 뒤집기

오른쪽으로 뒤집기

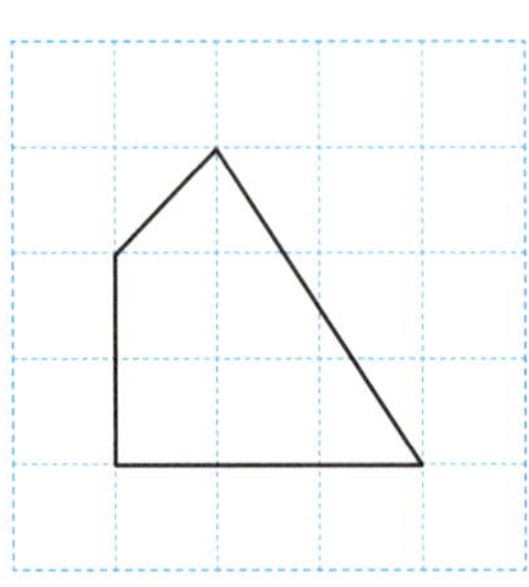
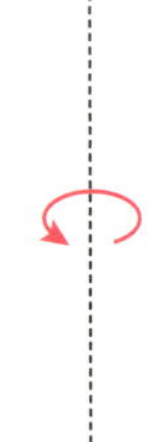
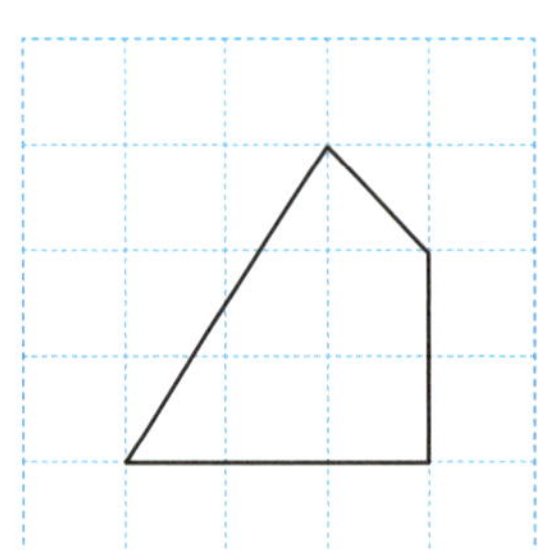

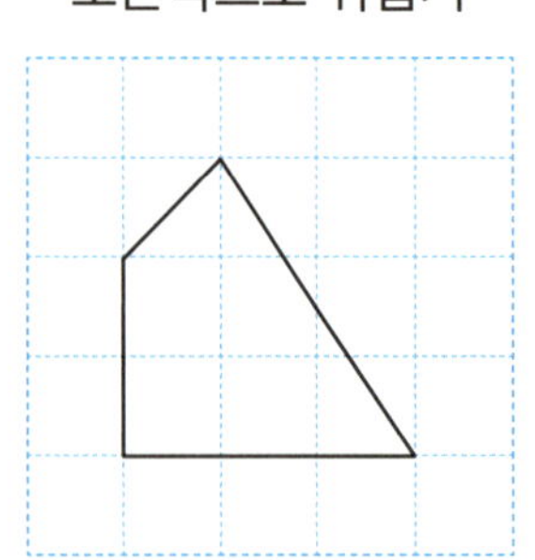

왼쪽으로 뒤집은 도형과 오른쪽으로 뒤집은 도형의
모양과 방향이 서로 같아요.

왼쪽, 오른쪽 뒤집기

점 뒤집기

투명 종이를 왼쪽 또는 오른쪽으로 뒤집었을 때의 점을 그려 보세요.

왼쪽으로 뒤집기	오른쪽으로 뒤집기

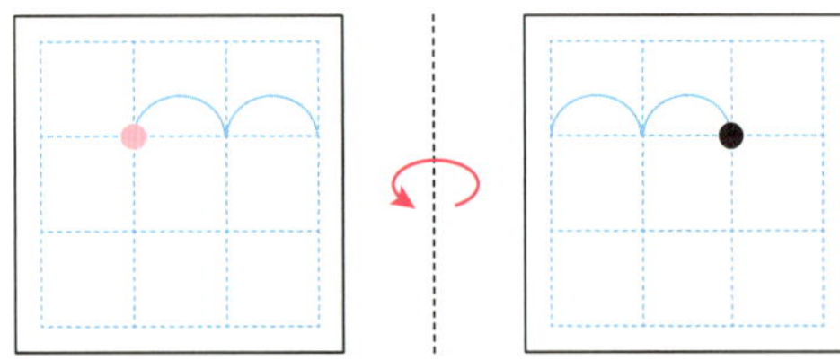
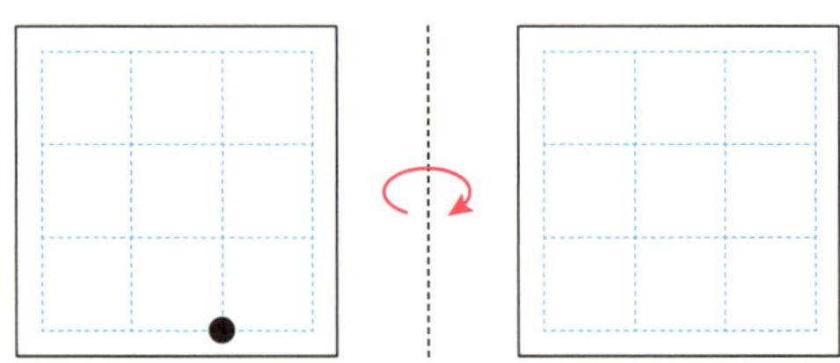

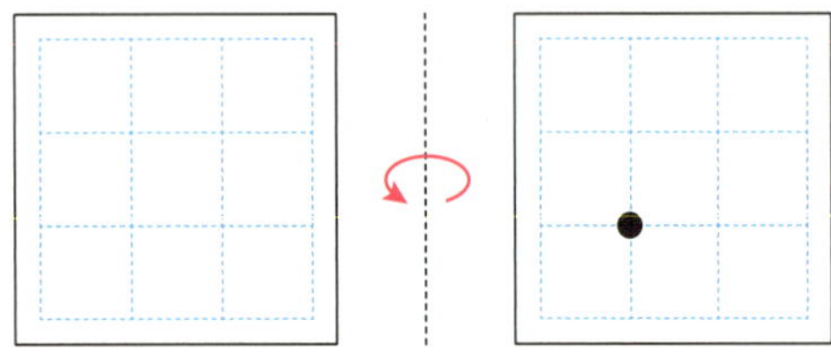
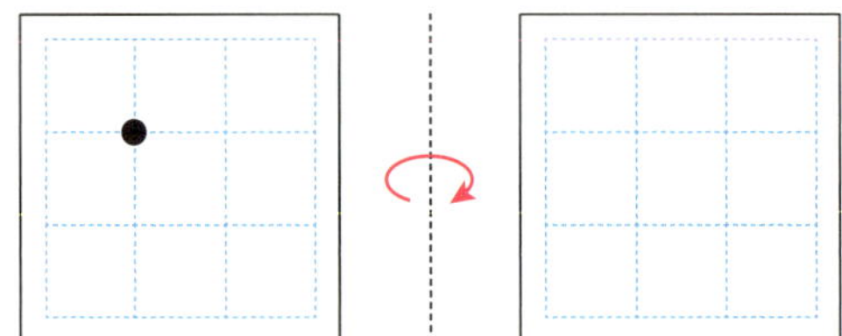

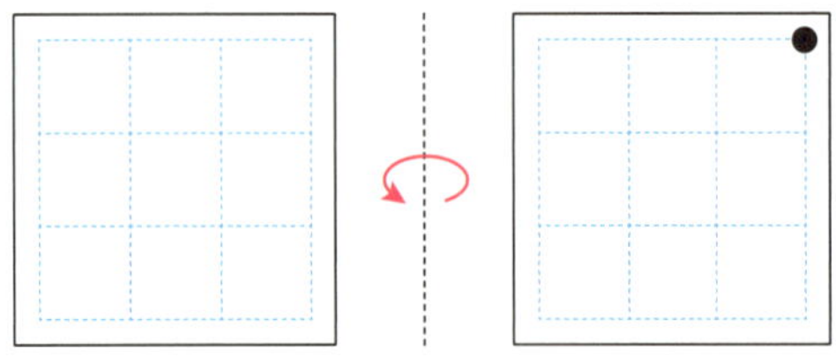
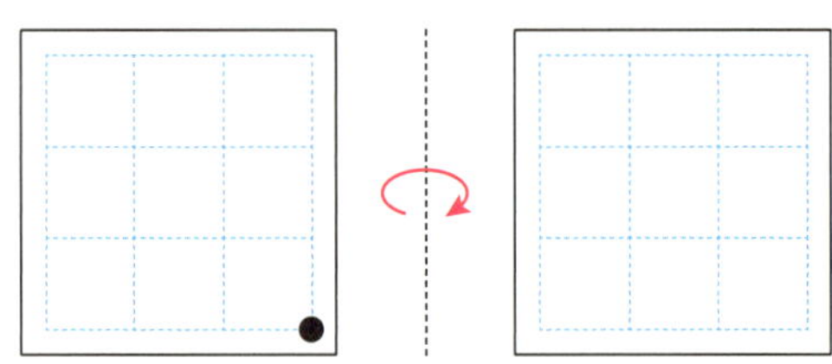

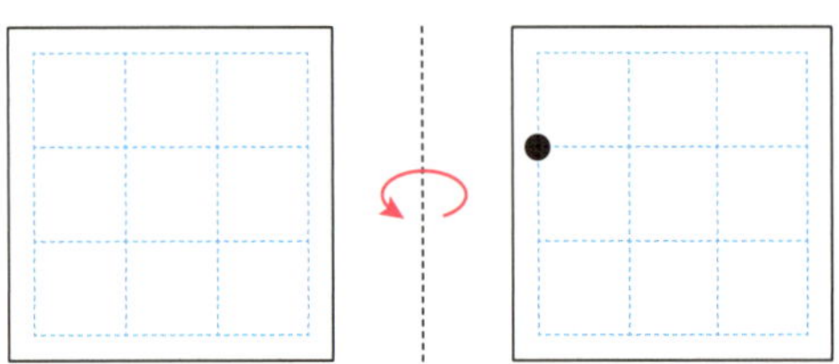
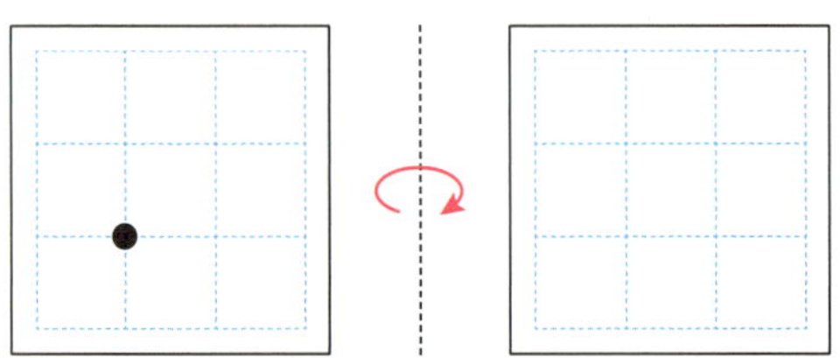

✿ 투명 종이를 왼쪽과 오른쪽으로 각각 뒤집었을 때의 점을 그려 보세요.

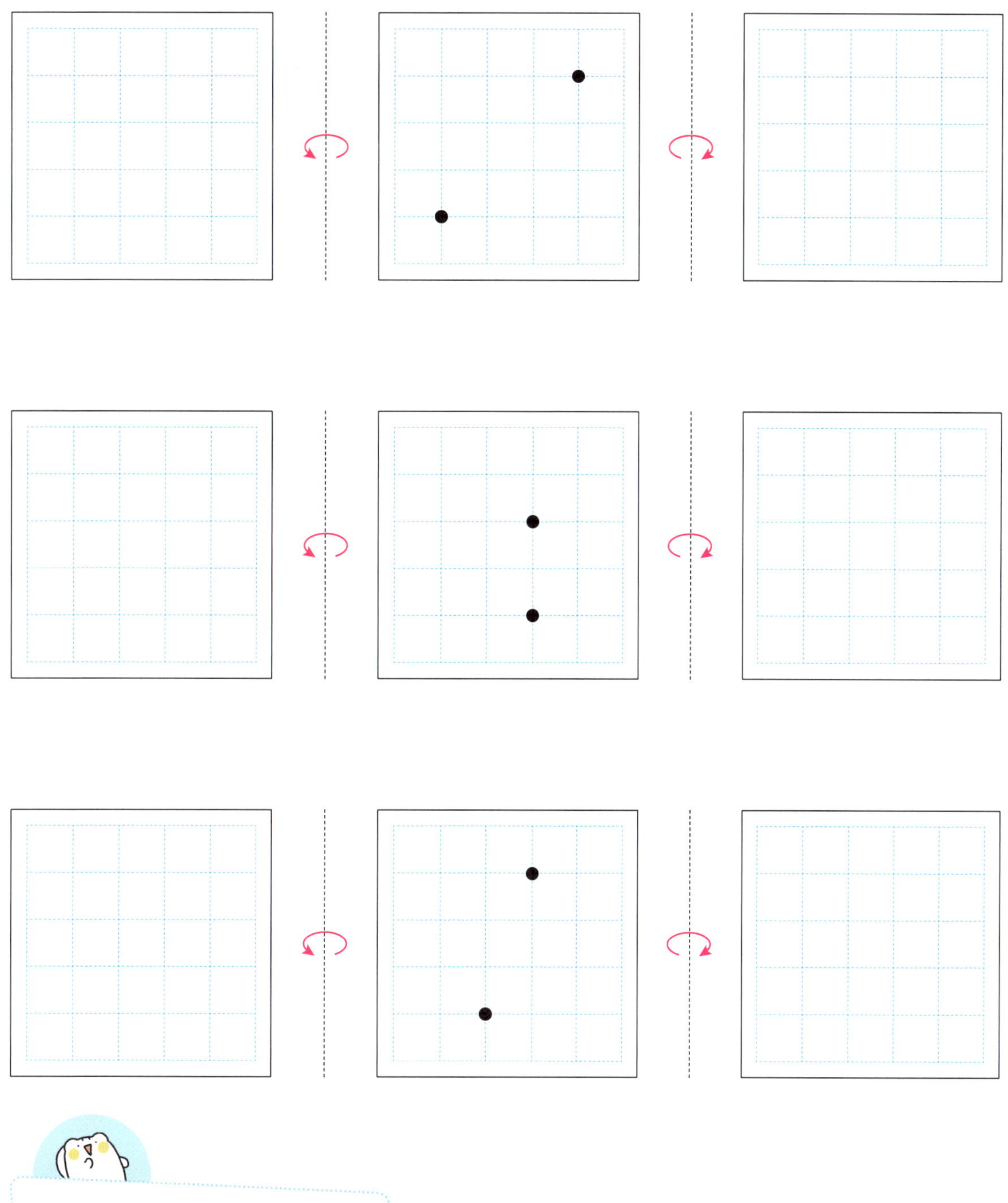

선 뒤집기

투명 종이를 왼쪽 또는 오른쪽으로 뒤집었을 때의 선을 그려 보세요.

왼쪽으로 뒤집기	오른쪽으로 뒤집기

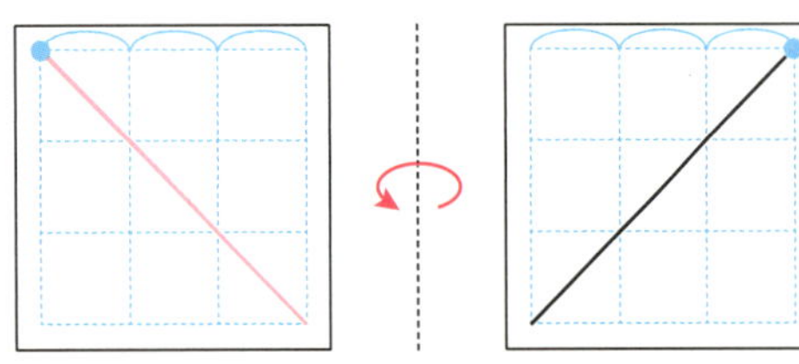 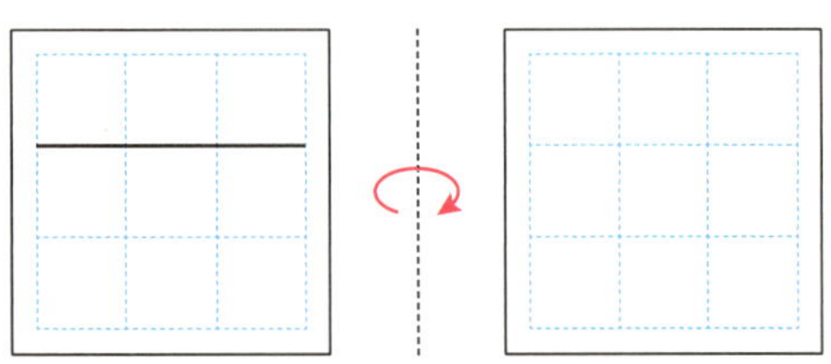

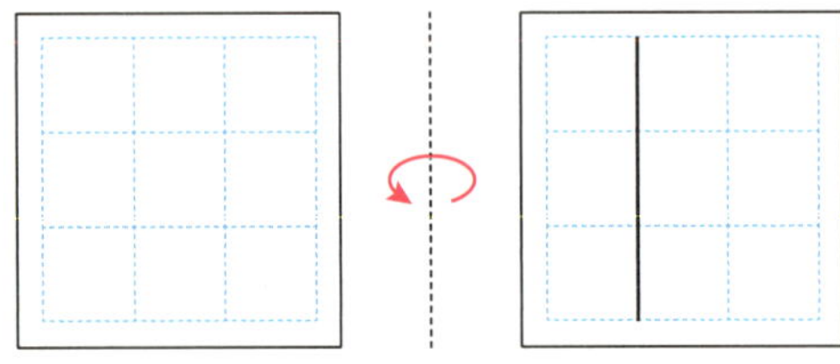 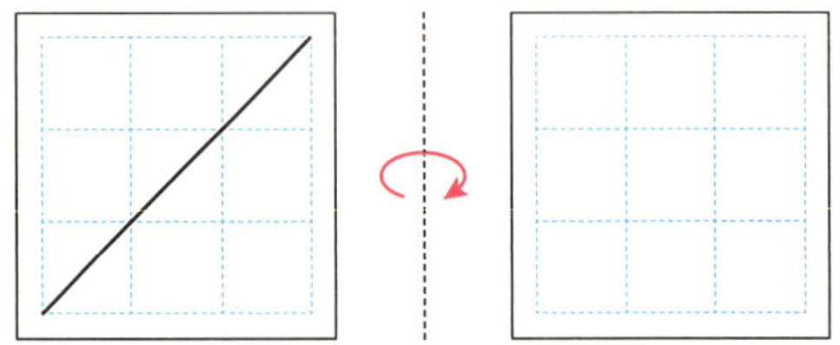

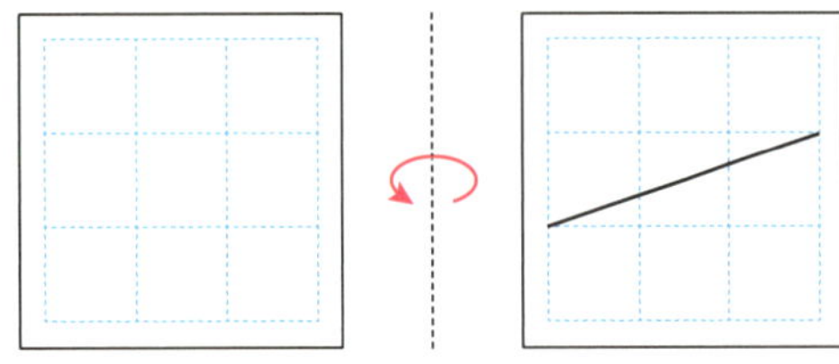 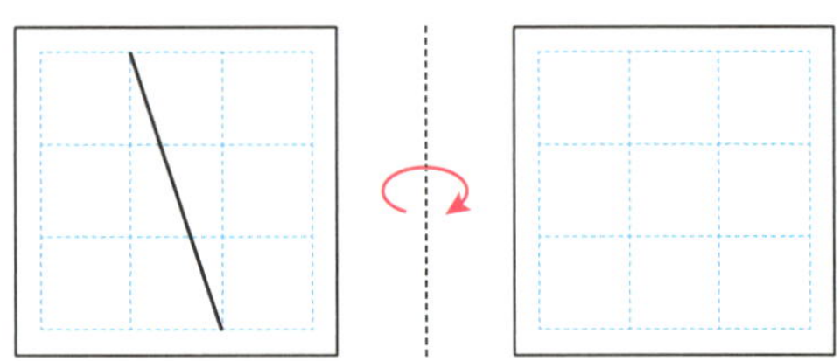

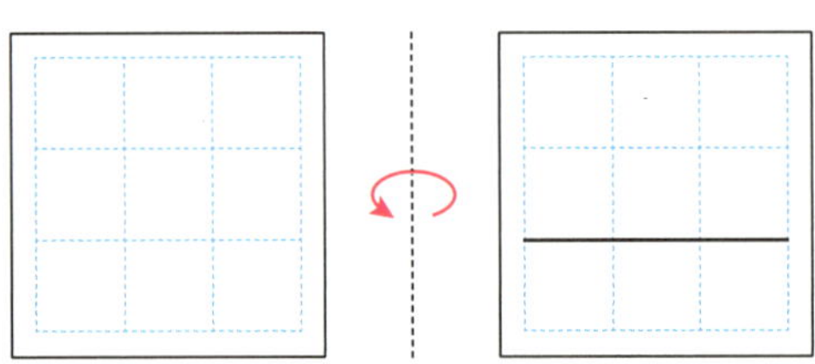 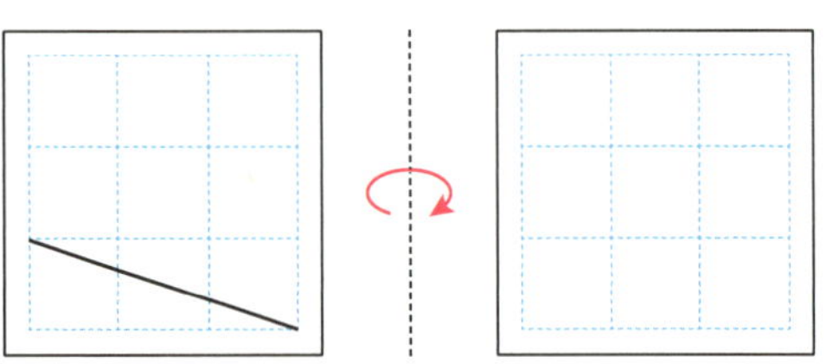

✿ 투명 종이를 왼쪽과 오른쪽으로 각각 뒤집었을 때의 선을 그려 보세요.

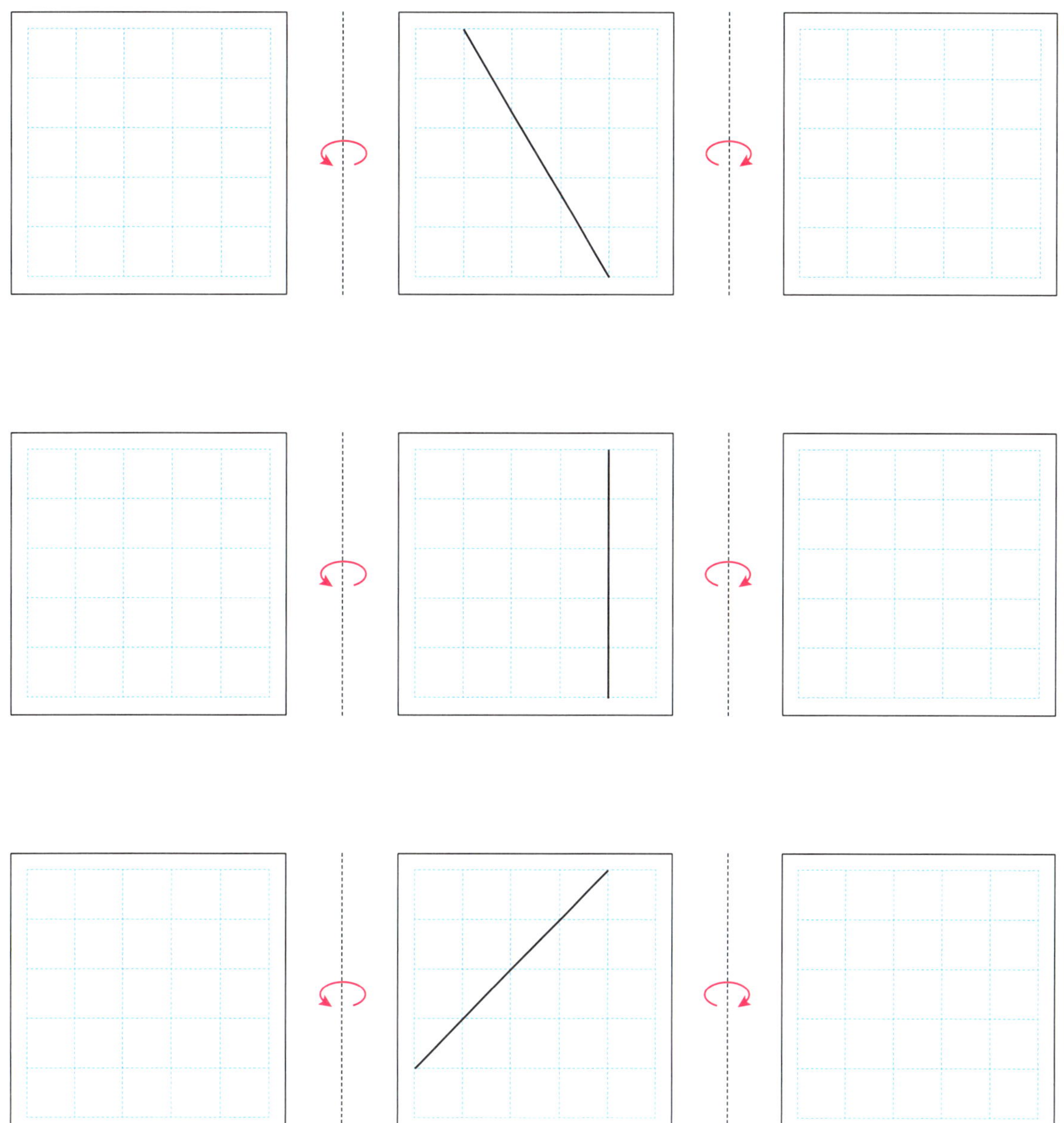

도형을 뒤집으면 도형의 방향만 바뀌고, 모양은 변하지 않습니다.

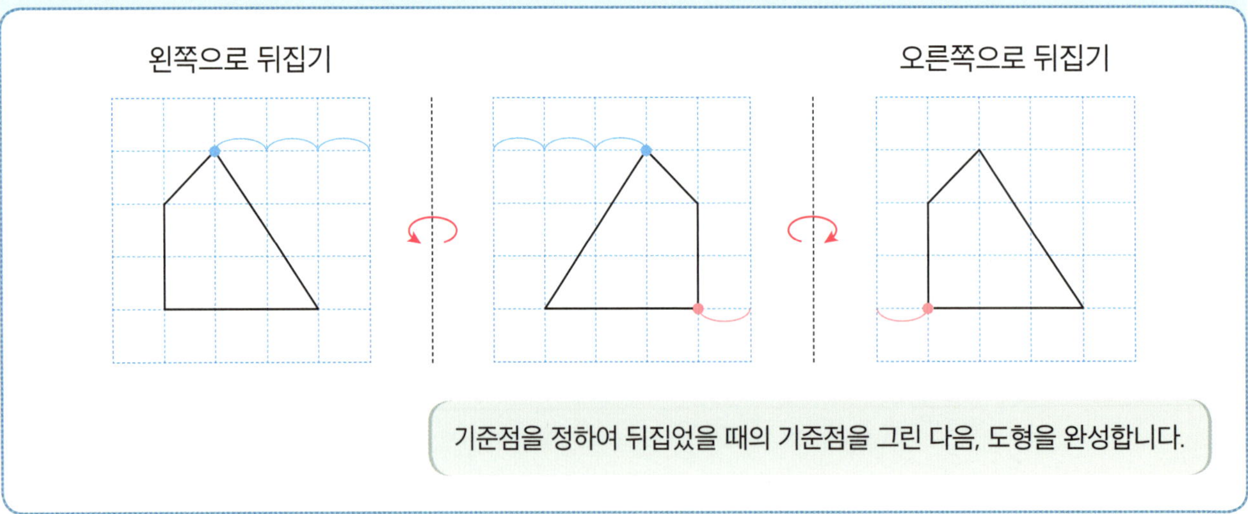

❂ 도형을 왼쪽 또는 오른쪽으로 뒤집었을 때의 도형을 그려 보세요.

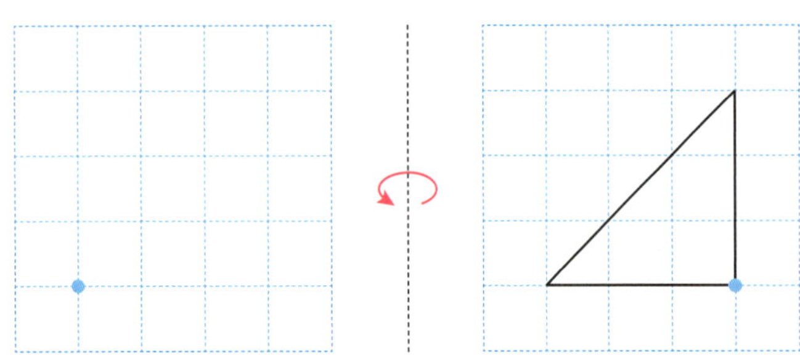

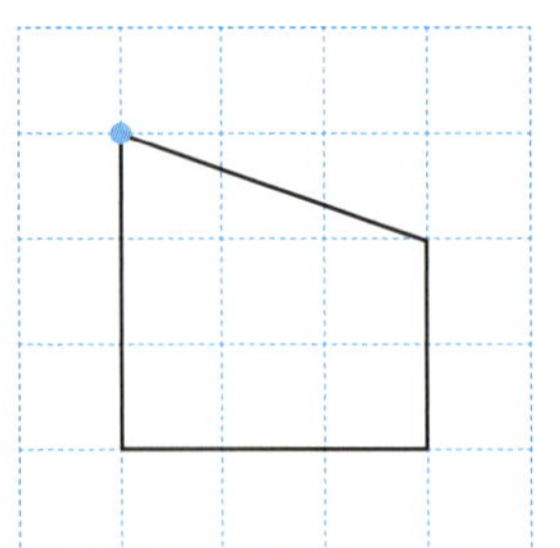

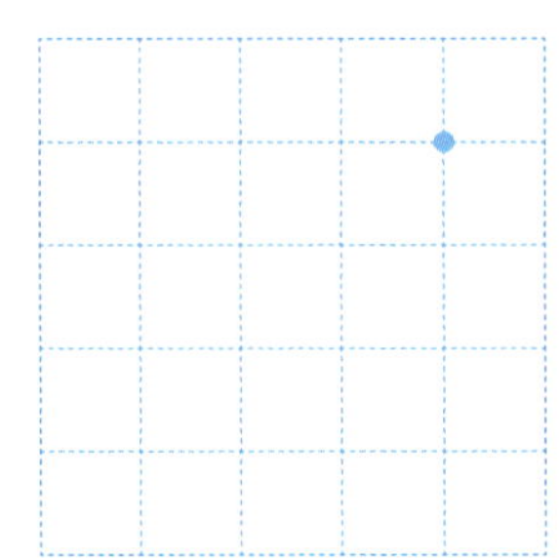

❀ 도형을 왼쪽과 오른쪽으로 각각 뒤집었을 때의 도형을 그려 보세요.

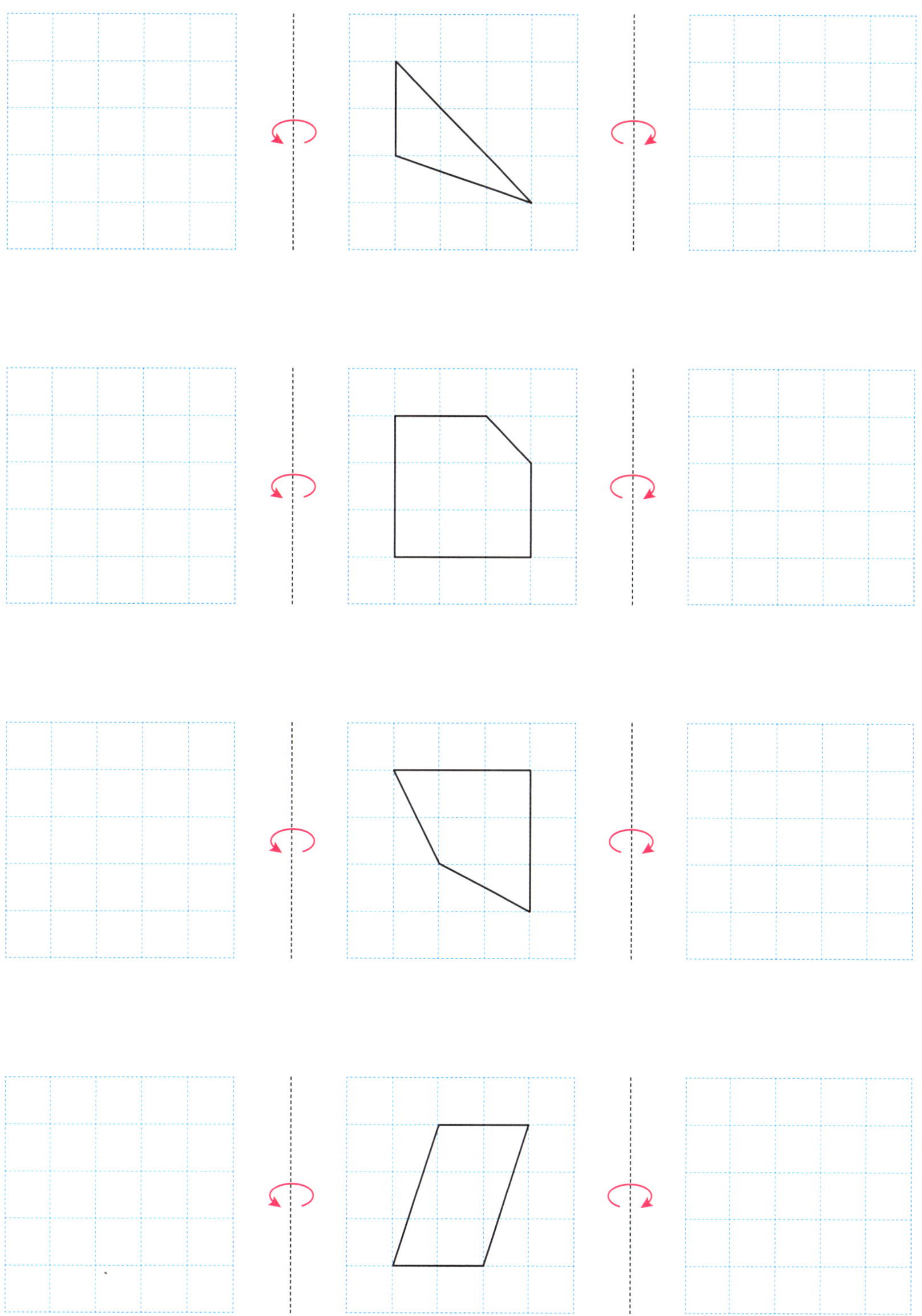

● 조각을 왼쪽과 오른쪽으로 각각 뒤집었을 때의 모양을 그려 보세요.

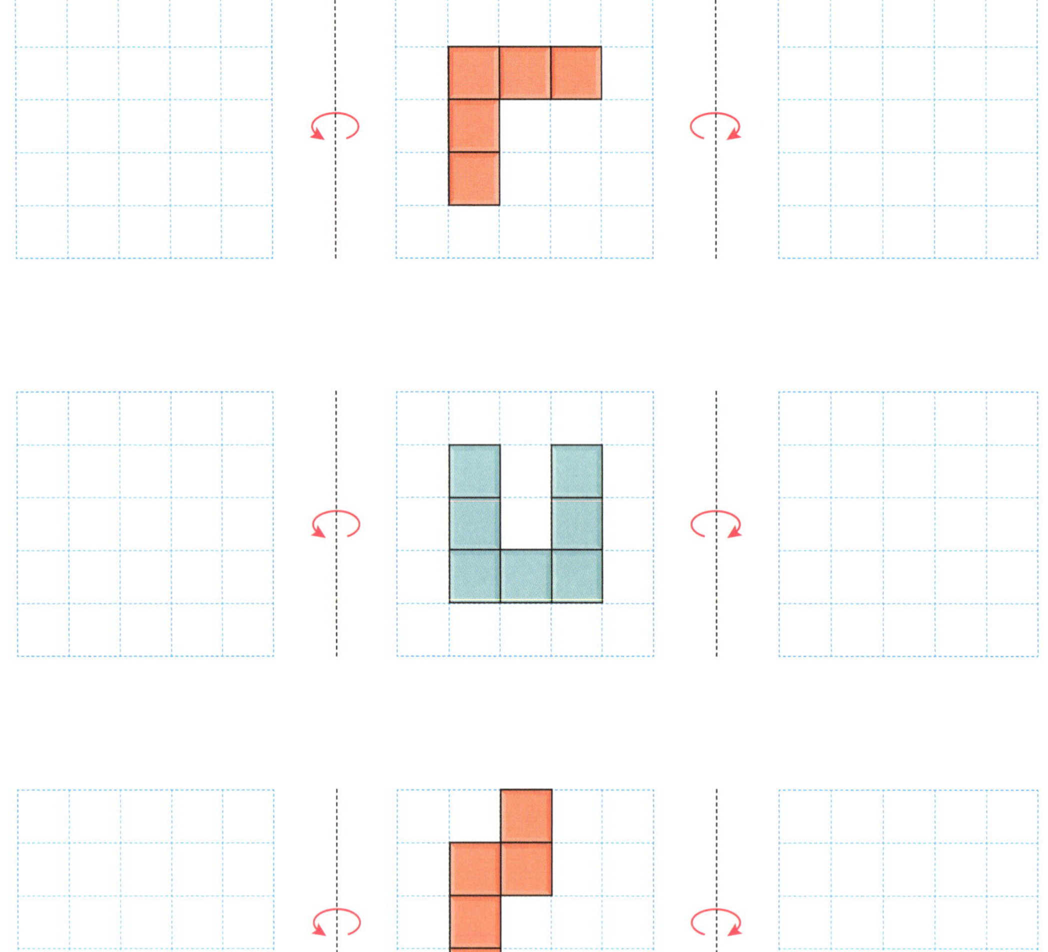

조각을 왼쪽 또는 오른쪽으로 뒤집었을 때의 모양끼리 짝지어 묶어 보세요.

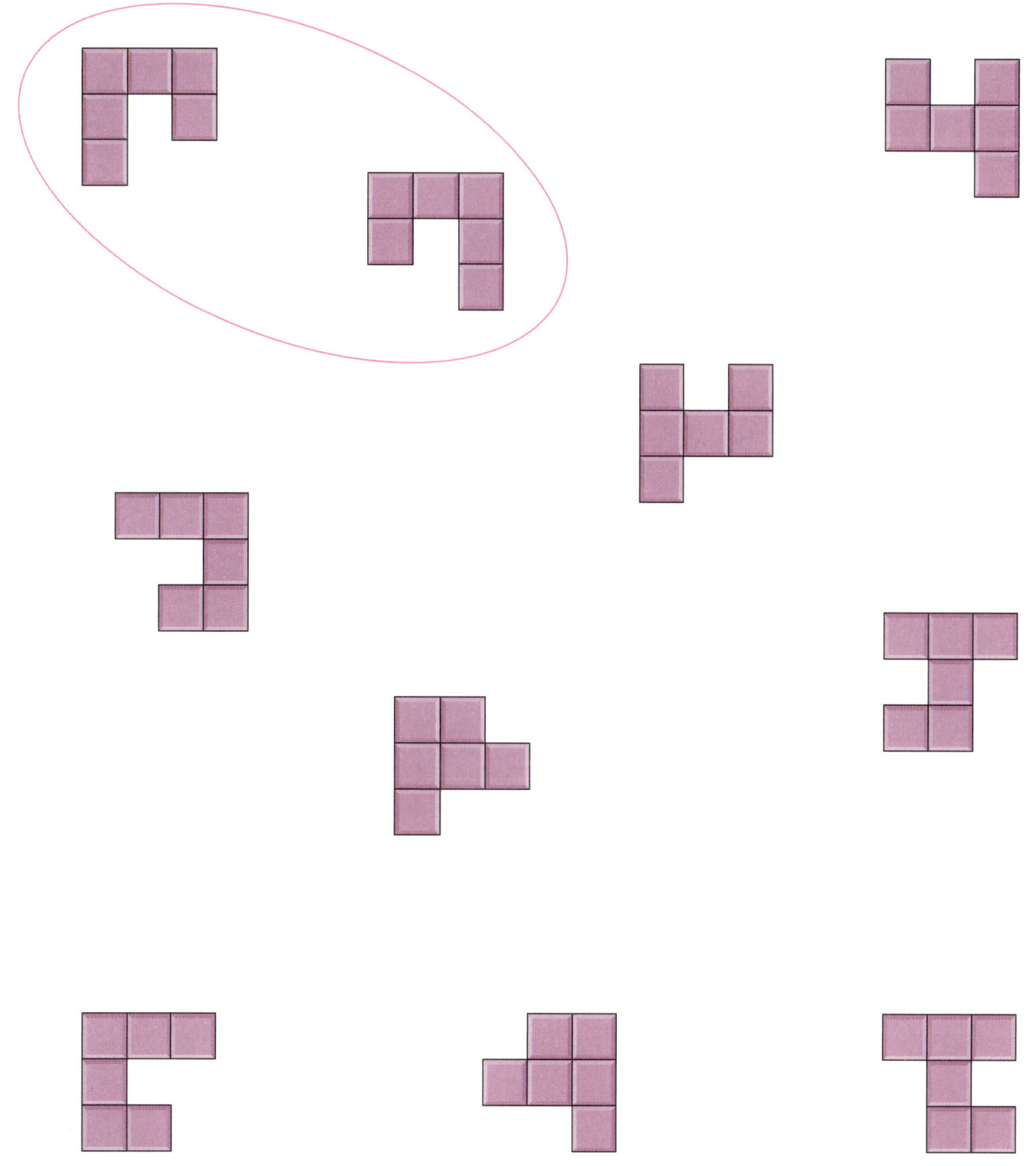

모양 조각을 주어진 방법으로 뒤집었을 때의 모양에 ◯표 하세요.

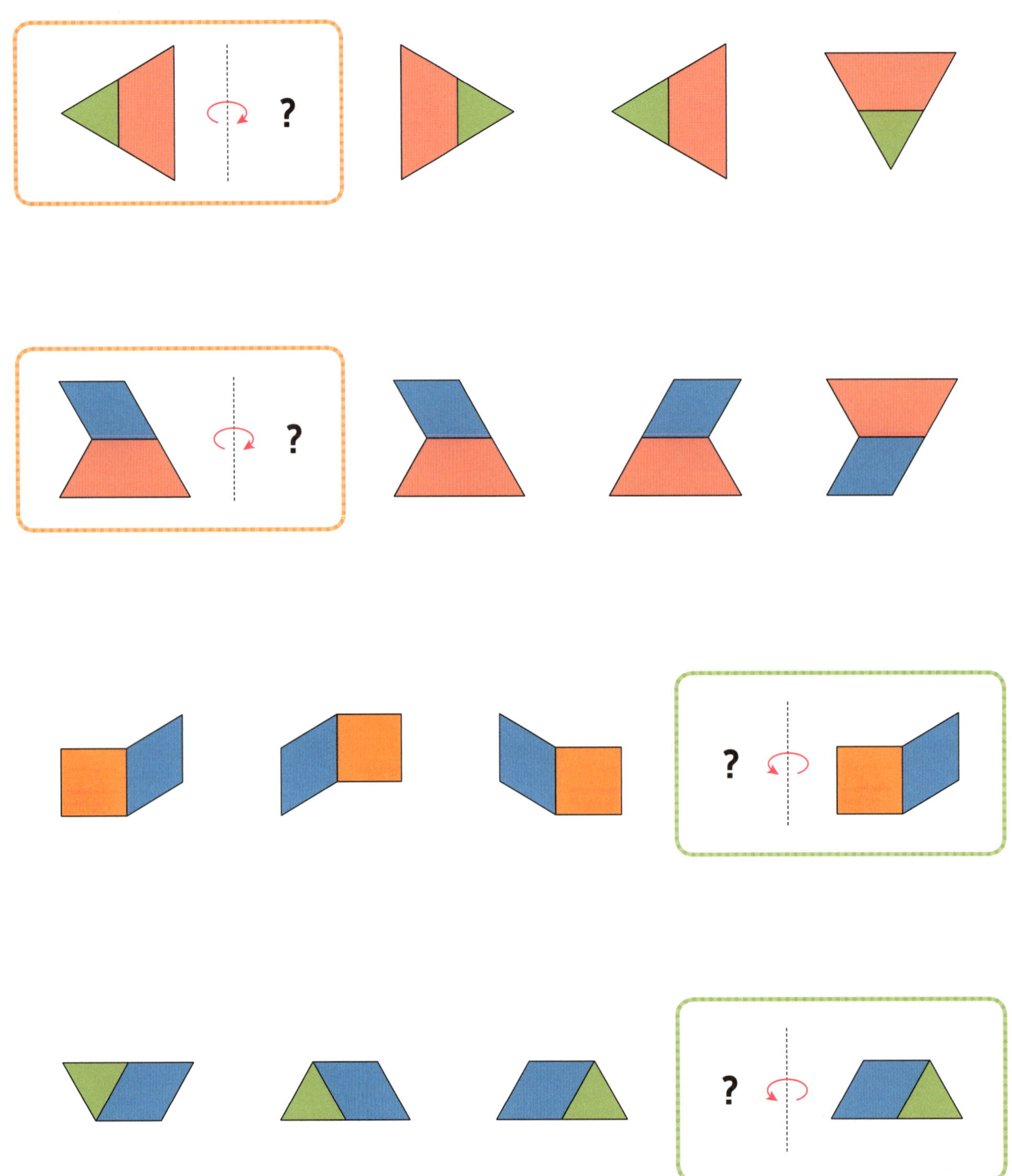

❖ 주어진 모양 조각 중 하나를 골라 처음 모양에 그려 보세요.
  처음 모양을 왼쪽과 오른쪽으로 뒤집은 모양을 각각 그려 보세요.

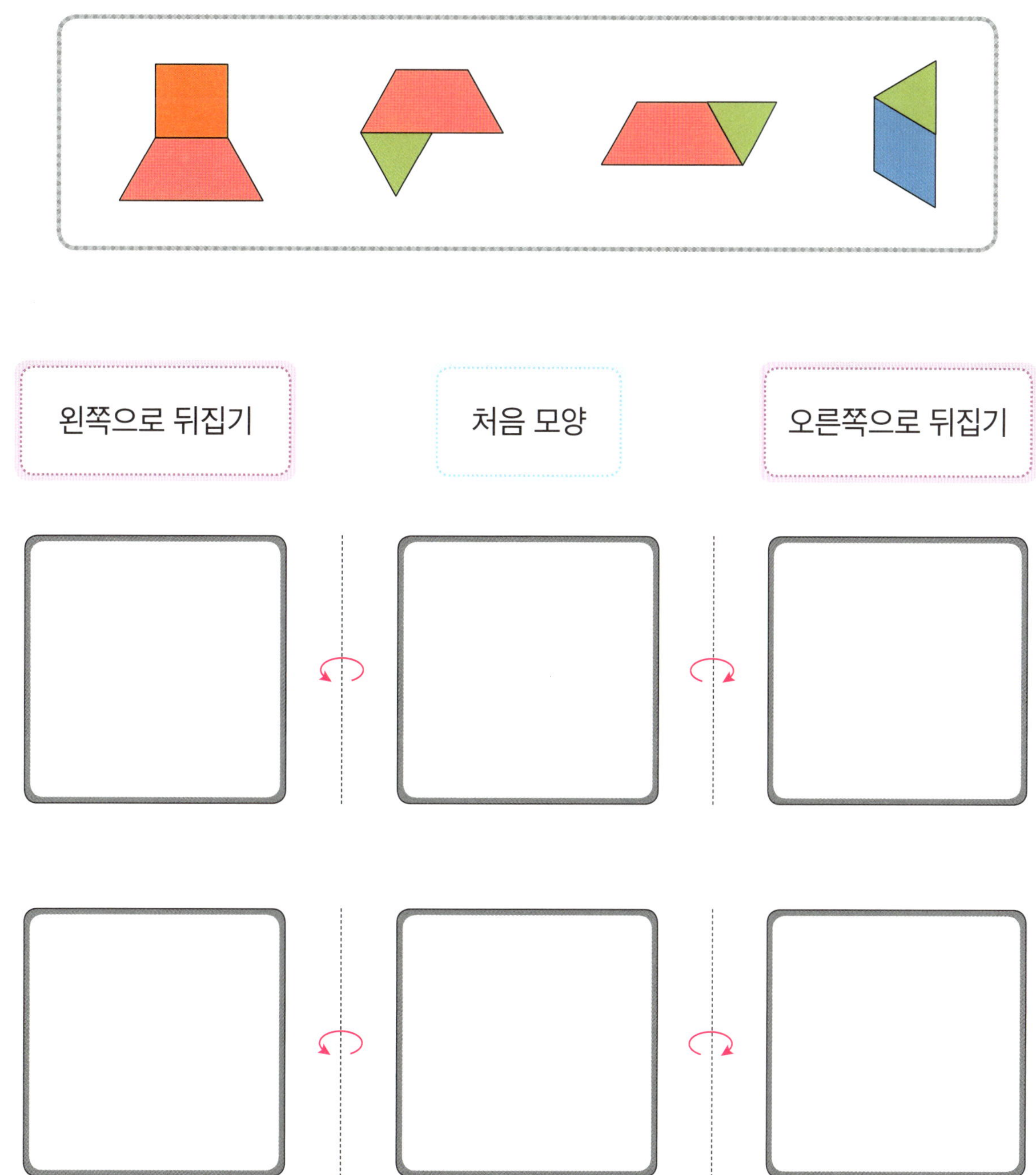

위쪽으로 뒤집기

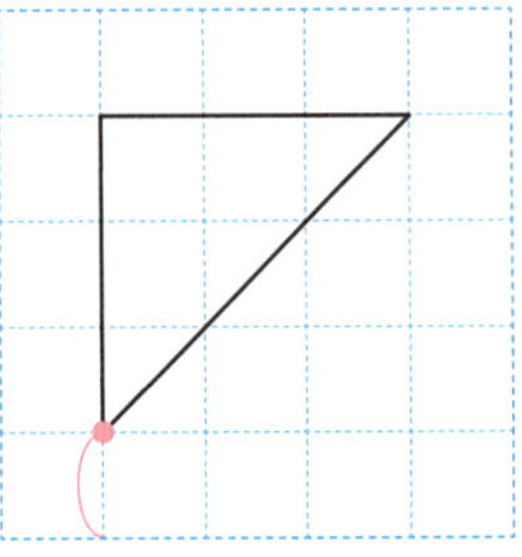

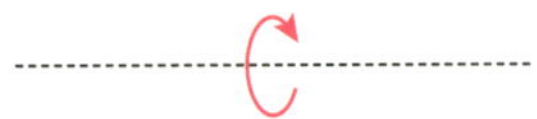

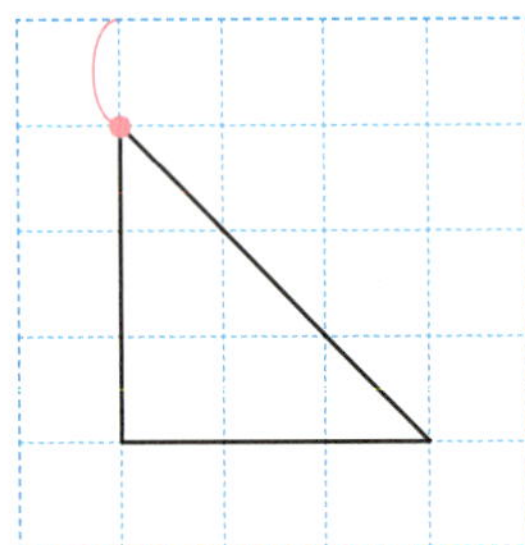

위쪽으로 뒤집기

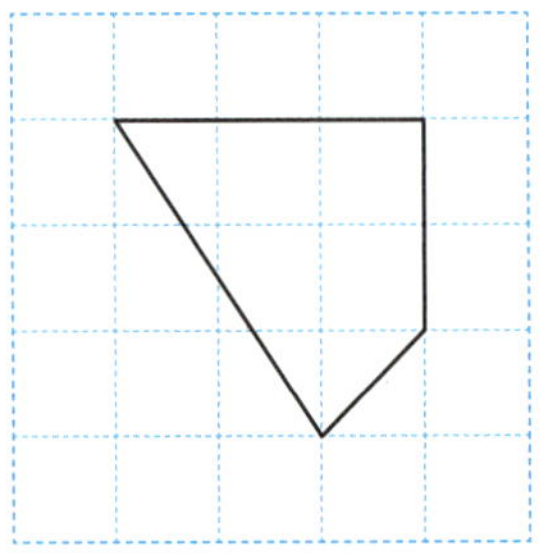

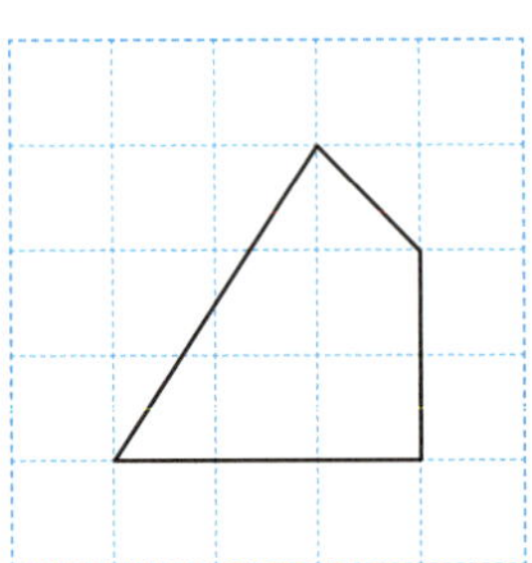

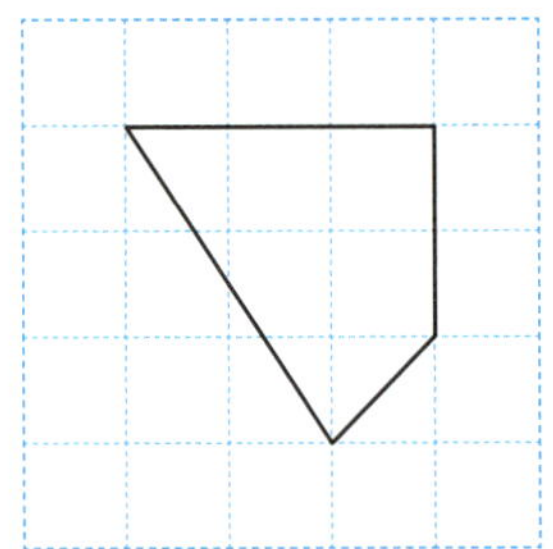

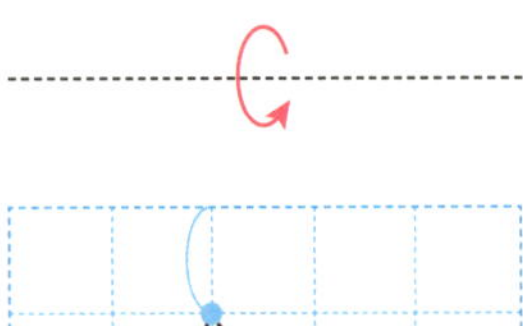

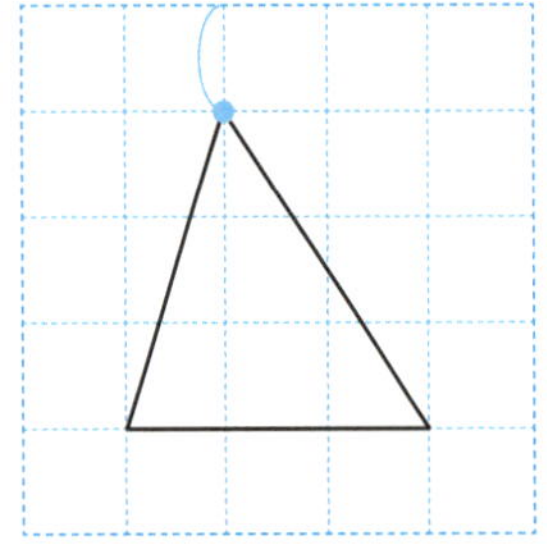

아래쪽으로 뒤집기

아래쪽으로 뒤집기

위쪽으로 뒤집은 도형과 아래쪽으로 뒤집은 도형의 모양과 방향이 서로 같아요.

위쪽, 아래쪽 뒤집기

투명 종이를 위쪽 또는 아래쪽으로 뒤집었을 때의 점을 그려 보세요.

위쪽으로 뒤집기

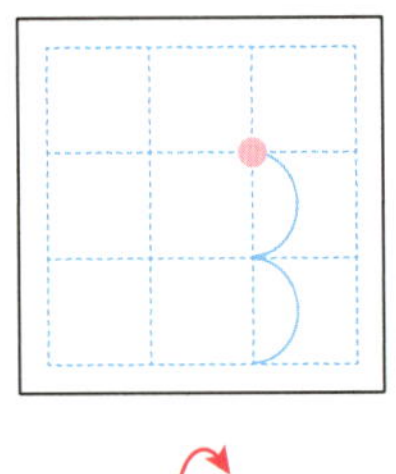   

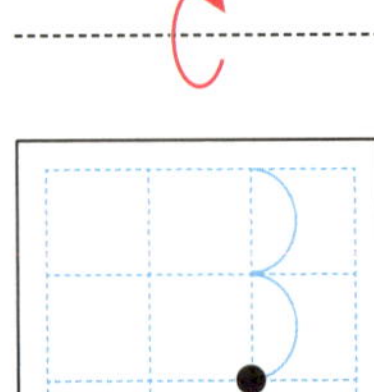 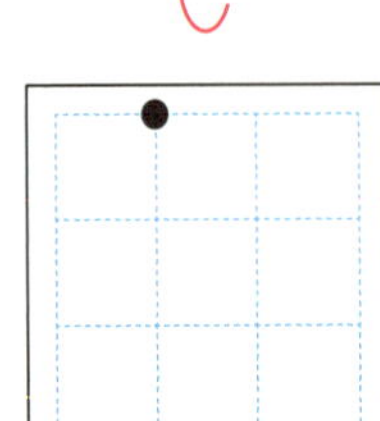 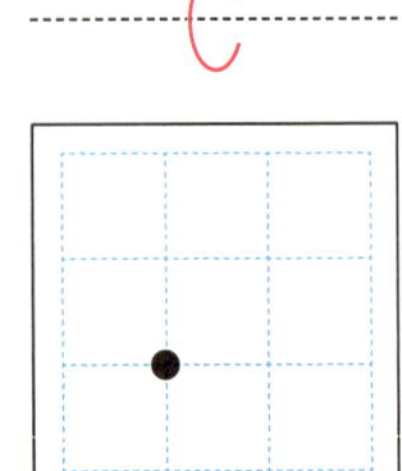 

아래쪽으로 뒤집기

 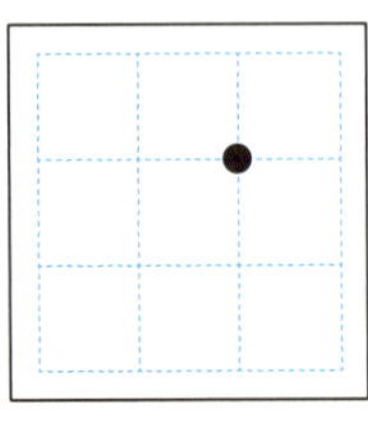  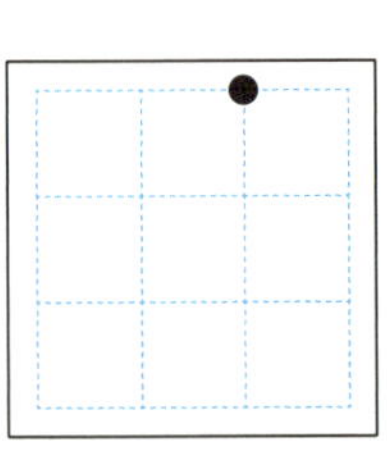

   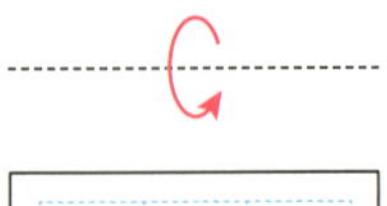 

투명 종이를 위쪽과 아래쪽으로 각각 뒤집었을 때의 점을 그려 보세요.

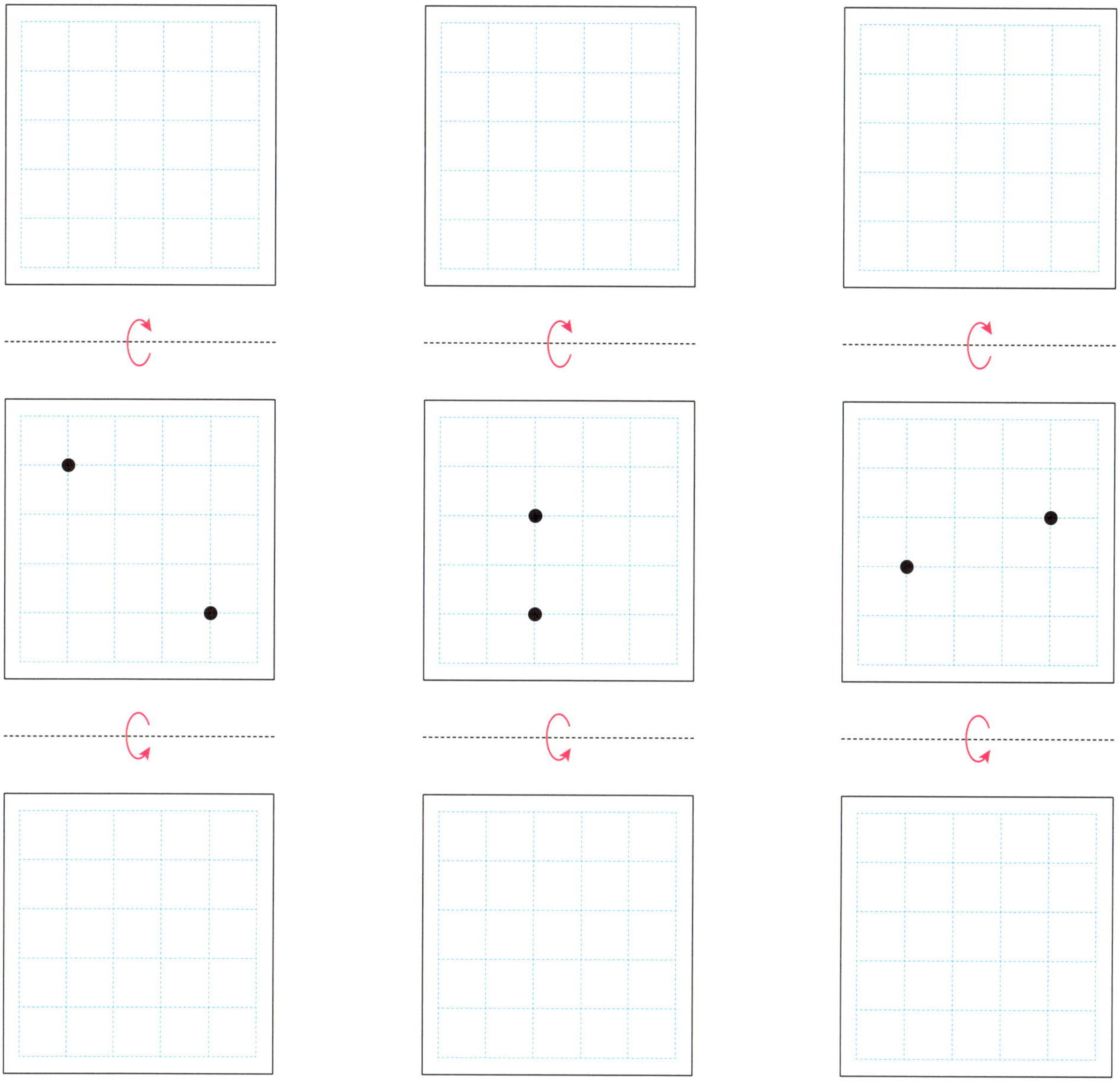

종이를 위쪽이나 아래쪽으로 뒤집으면
종이의 위쪽과 아래쪽이 서로 바뀌어요.

● 투명 종이를 위쪽 또는 아래쪽으로 뒤집었을 때의 선을 그려 보세요.

위쪽으로 뒤집기

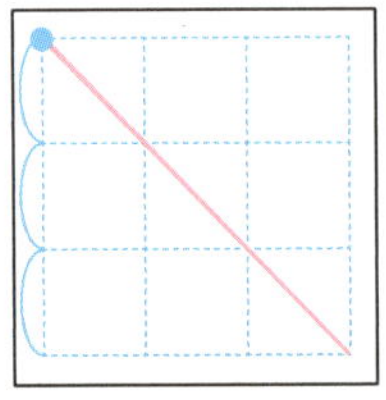   

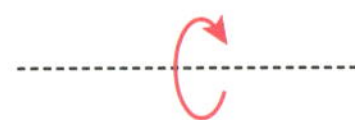  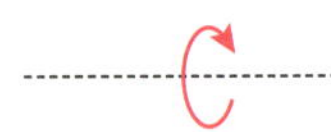 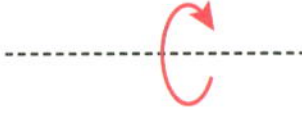

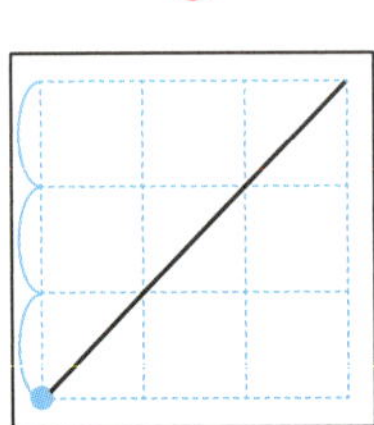 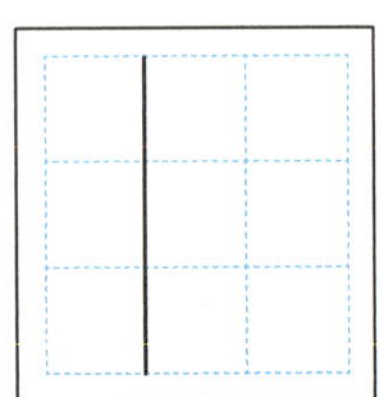  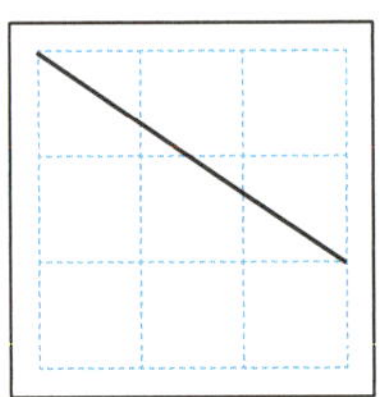

아래쪽으로 뒤집기

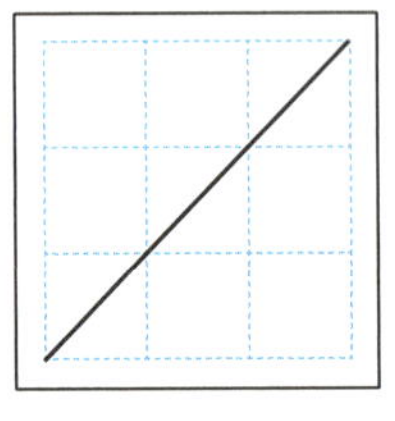   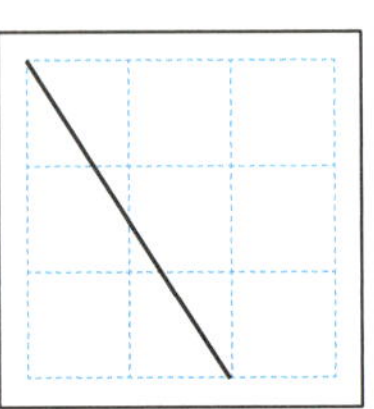

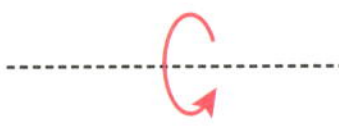  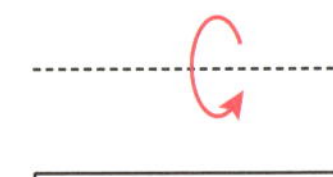 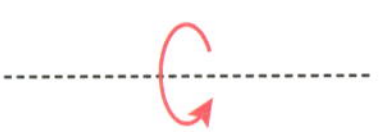

✿ 투명 종이를 위쪽과 아래쪽으로 각각 뒤집었을 때의 선을 그려 보세요.

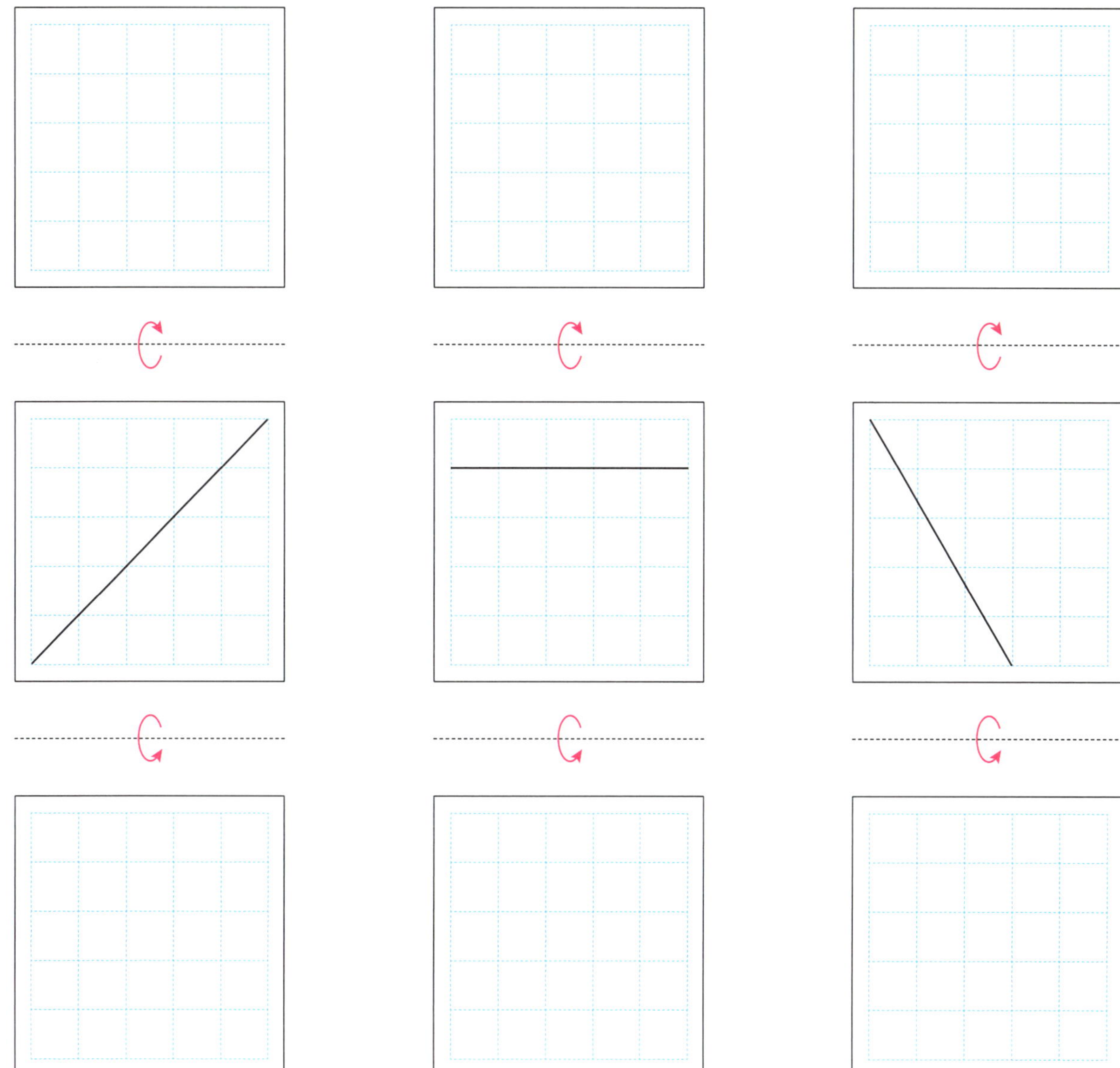

● 도형을 위쪽 또는 아래쪽으로 뒤집었을 때의 도형을 그려 보세요.

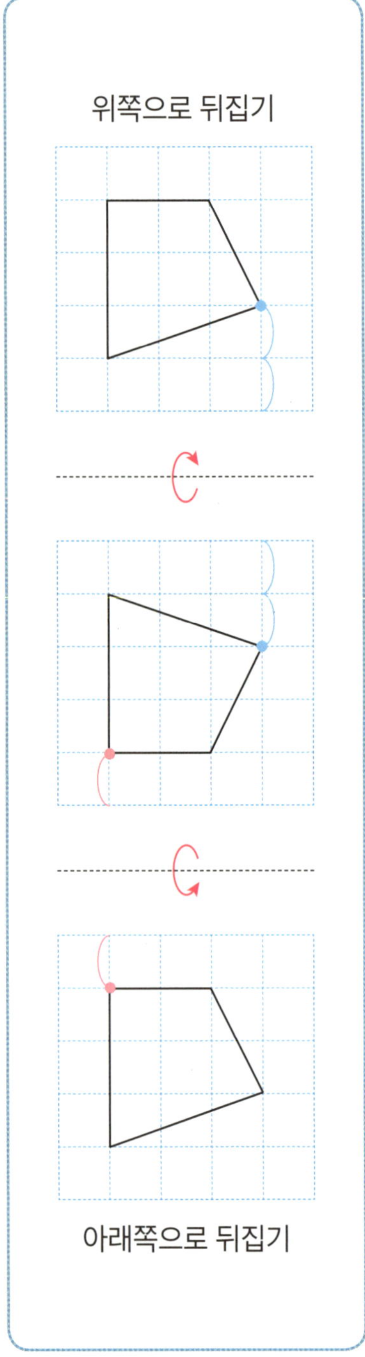

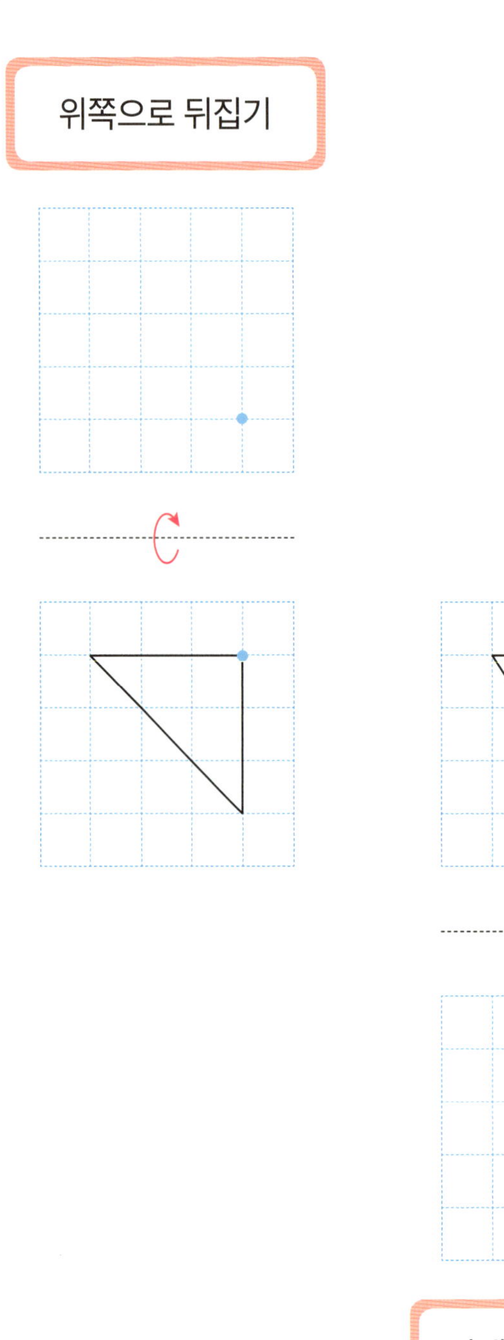

✿ 도형을 위쪽과 아래쪽으로 각각 뒤집었을 때의 도형을 그려 보세요.

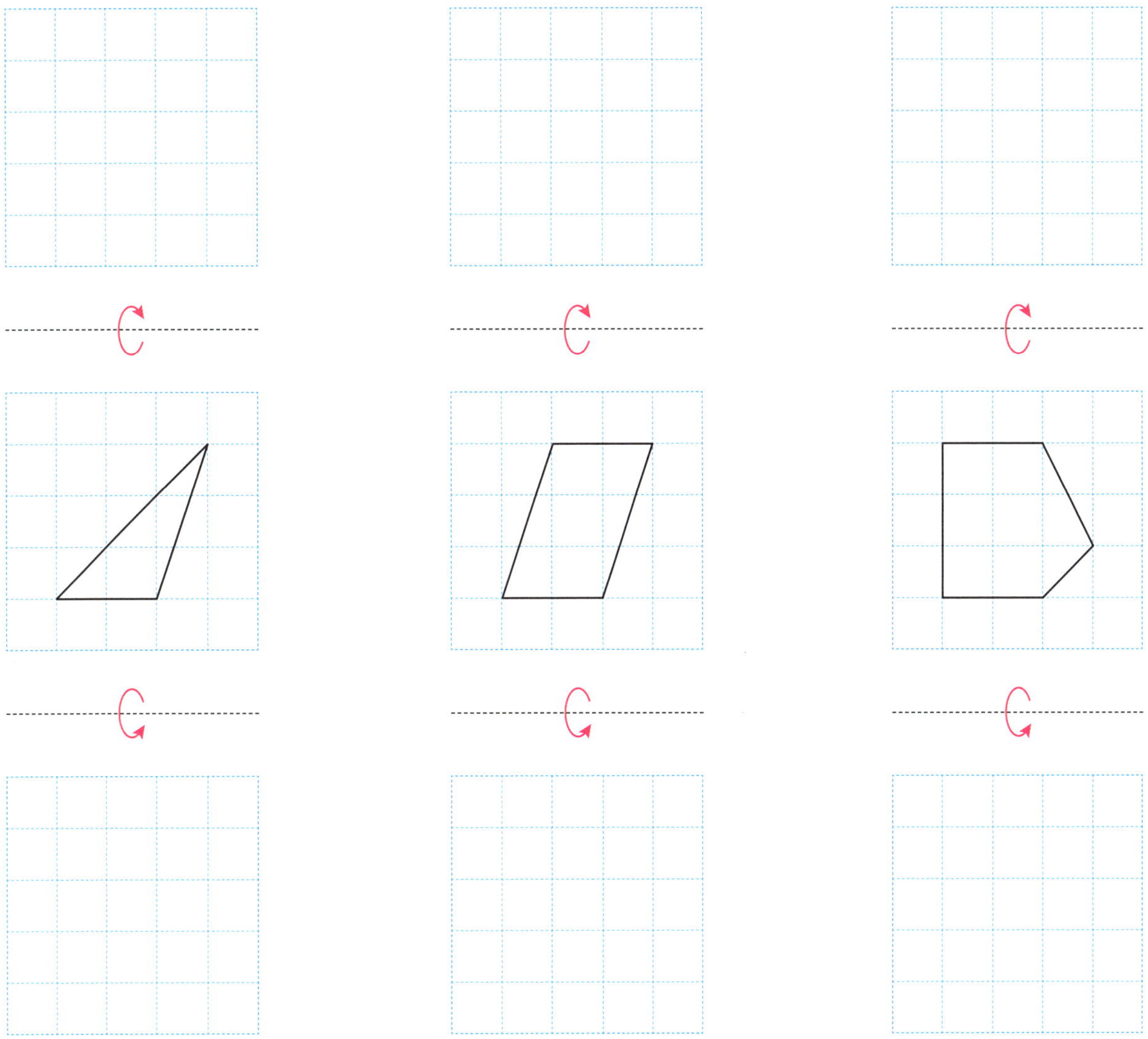

위쪽과 아래쪽으로 뒤집은 도형의
모양과 방향이 서로 같아요.

● 조각을 위쪽과 아래쪽으로 각각 뒤집었을 때의 모양을 그려 보세요.

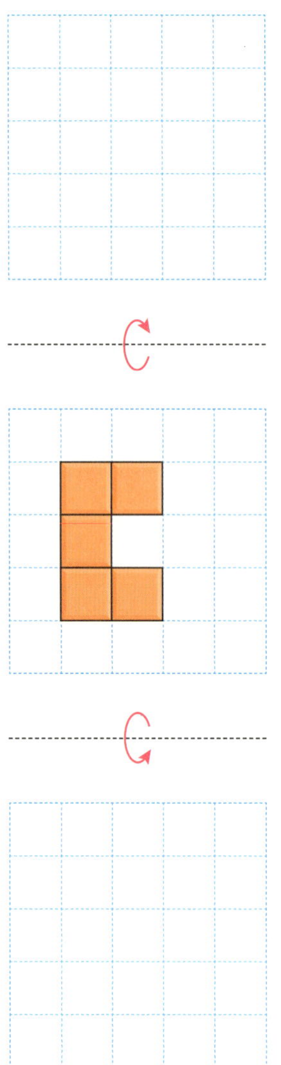

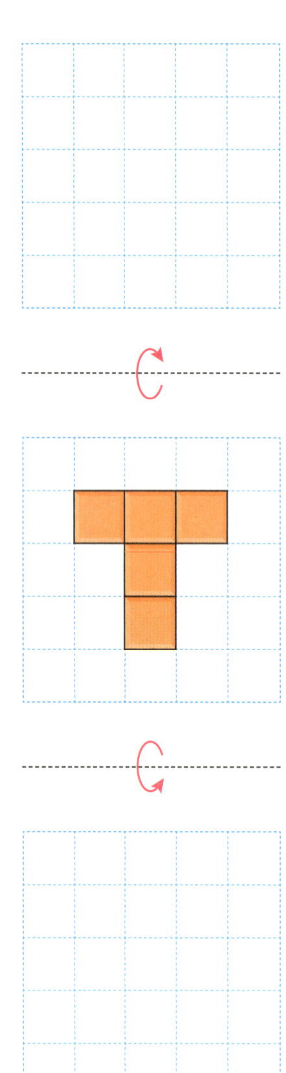

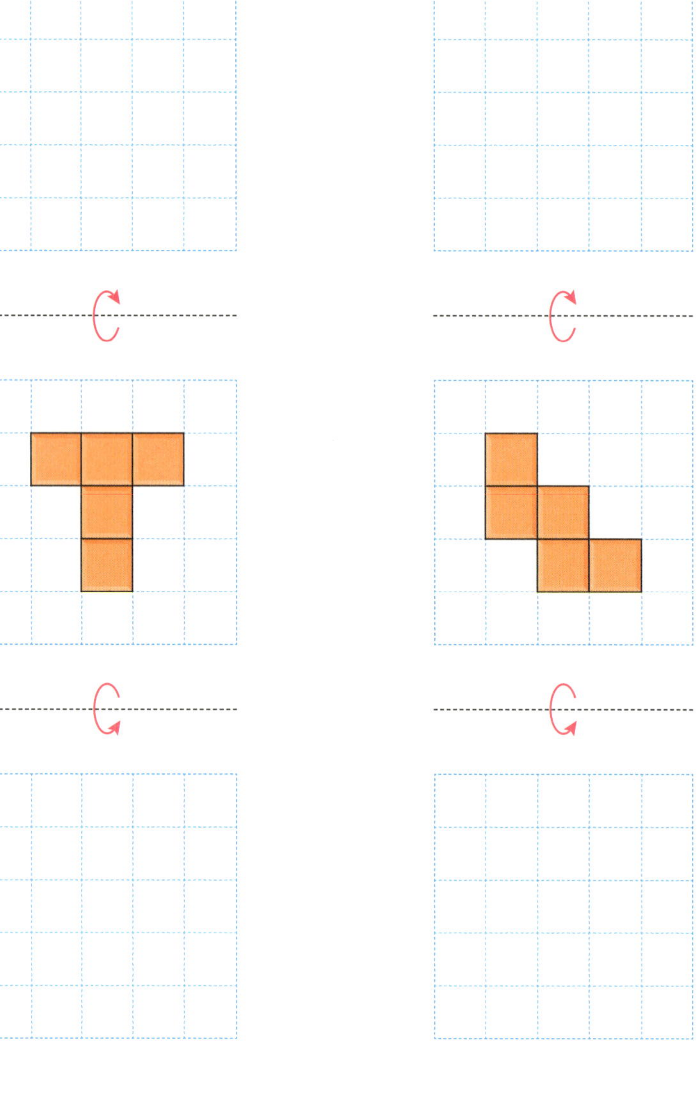

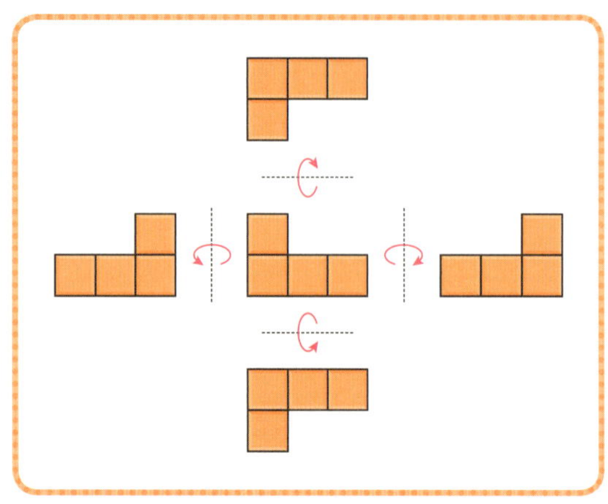

◉ 조각을 위쪽 또는 아래쪽으로 뒤집었을 때의 모양끼리 선으로 이어 보세요.

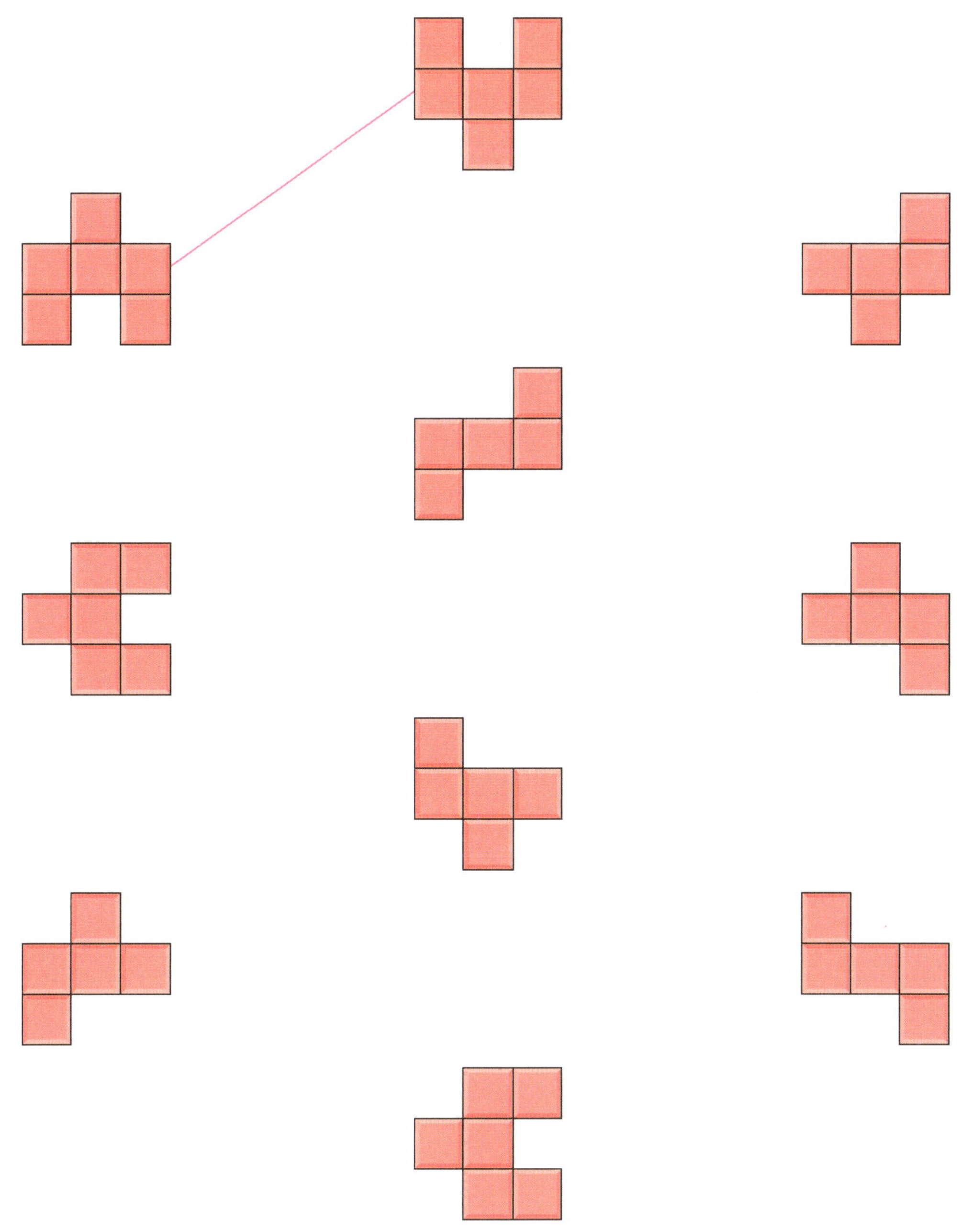

● 모양 조각을 주어진 방법으로 뒤집었을 때의 모양에 ◯표 하세요.

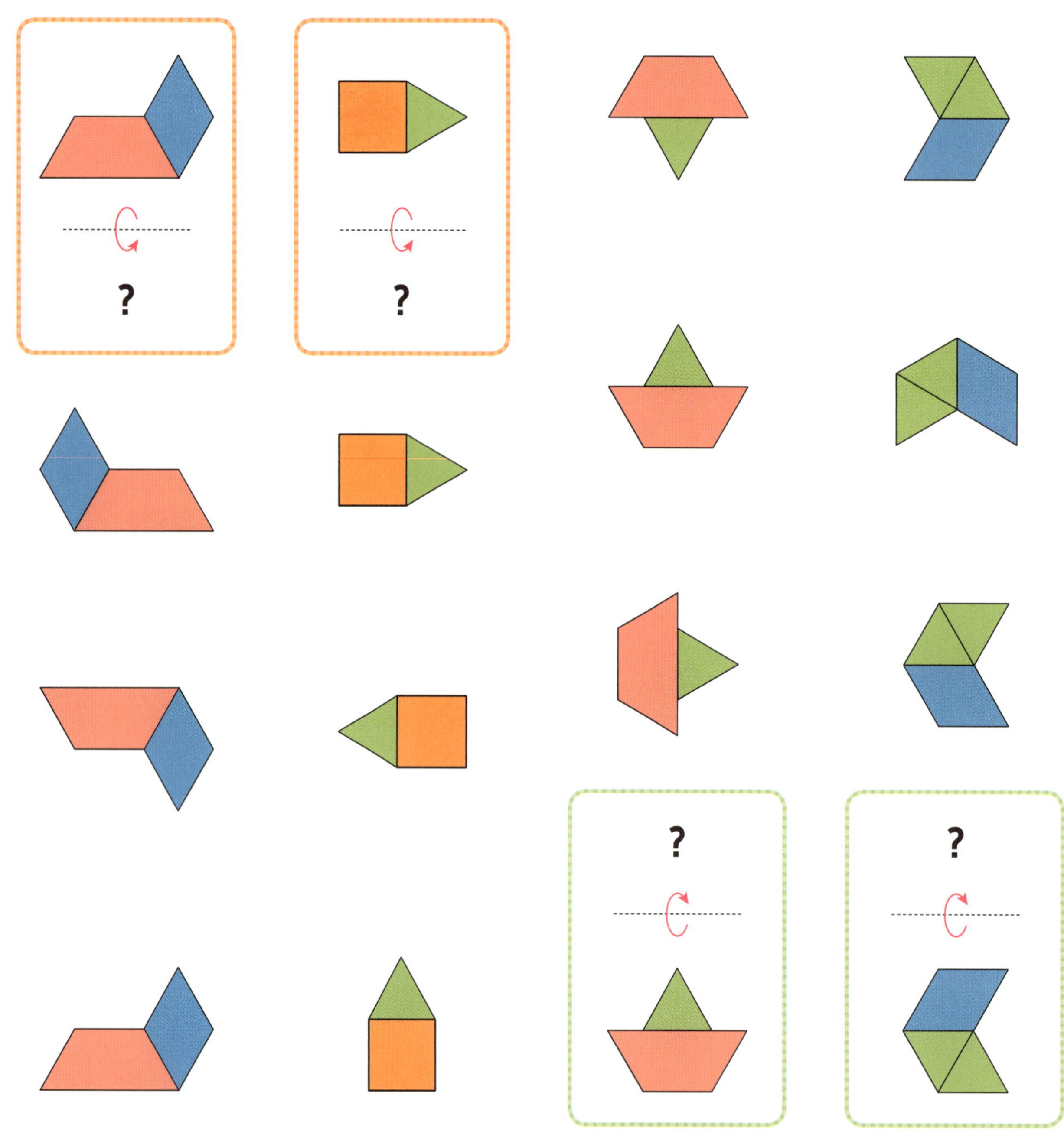

❖ 주어진 모양 조각 중 하나를 골라 처음 모양에 그려 보세요.
　처음 모양을 위쪽과 아래쪽으로 뒤집은 모양을 각각 그려 보세요.

위쪽으로 뒤집기

처음 모양

아래쪽으로 뒤집기

도형 뒤집기

위쪽으로 뒤집기

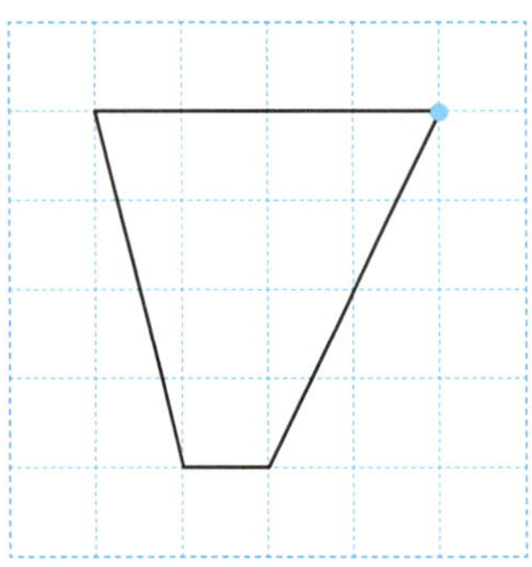

왼쪽으로 뒤집기

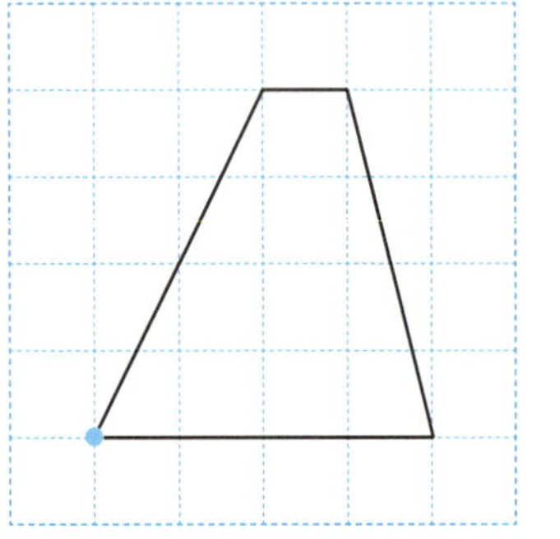

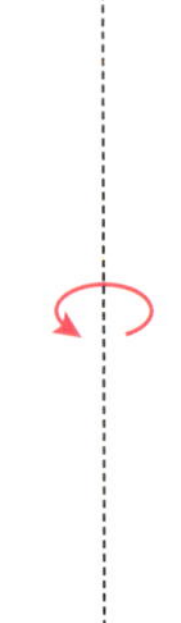

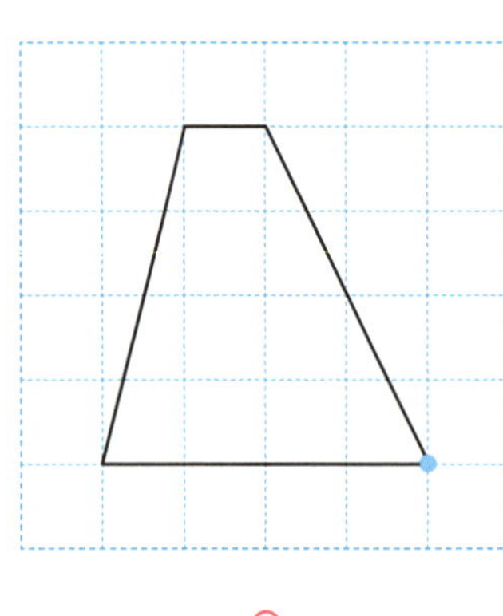

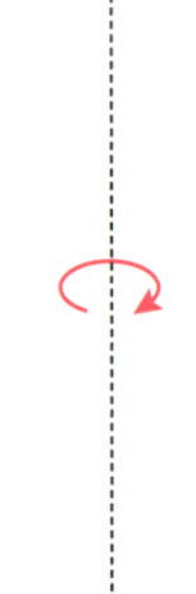

오른쪽으로 뒤집기

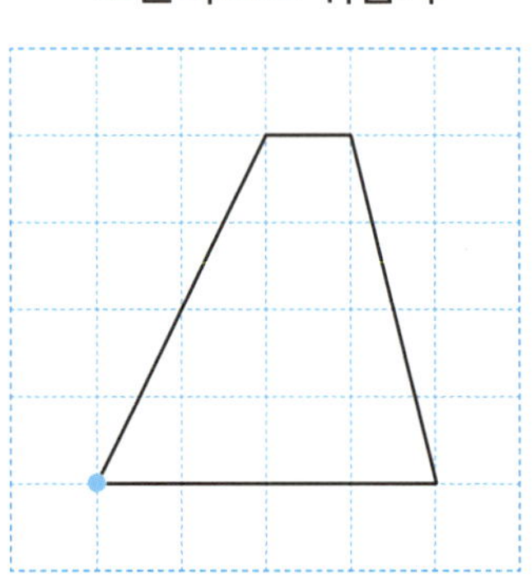

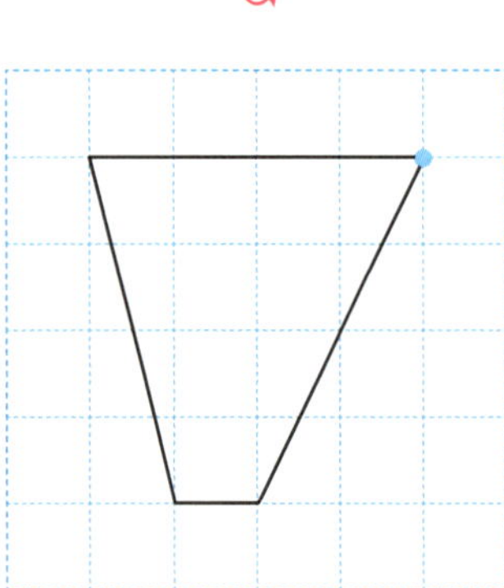

아래쪽으로 뒤집기

도형 뒤집기

❄ 도형을 왼쪽, 오른쪽, 위쪽, 아래쪽으로 뒤집었을 때의 도형을 각각 그려 보세요.

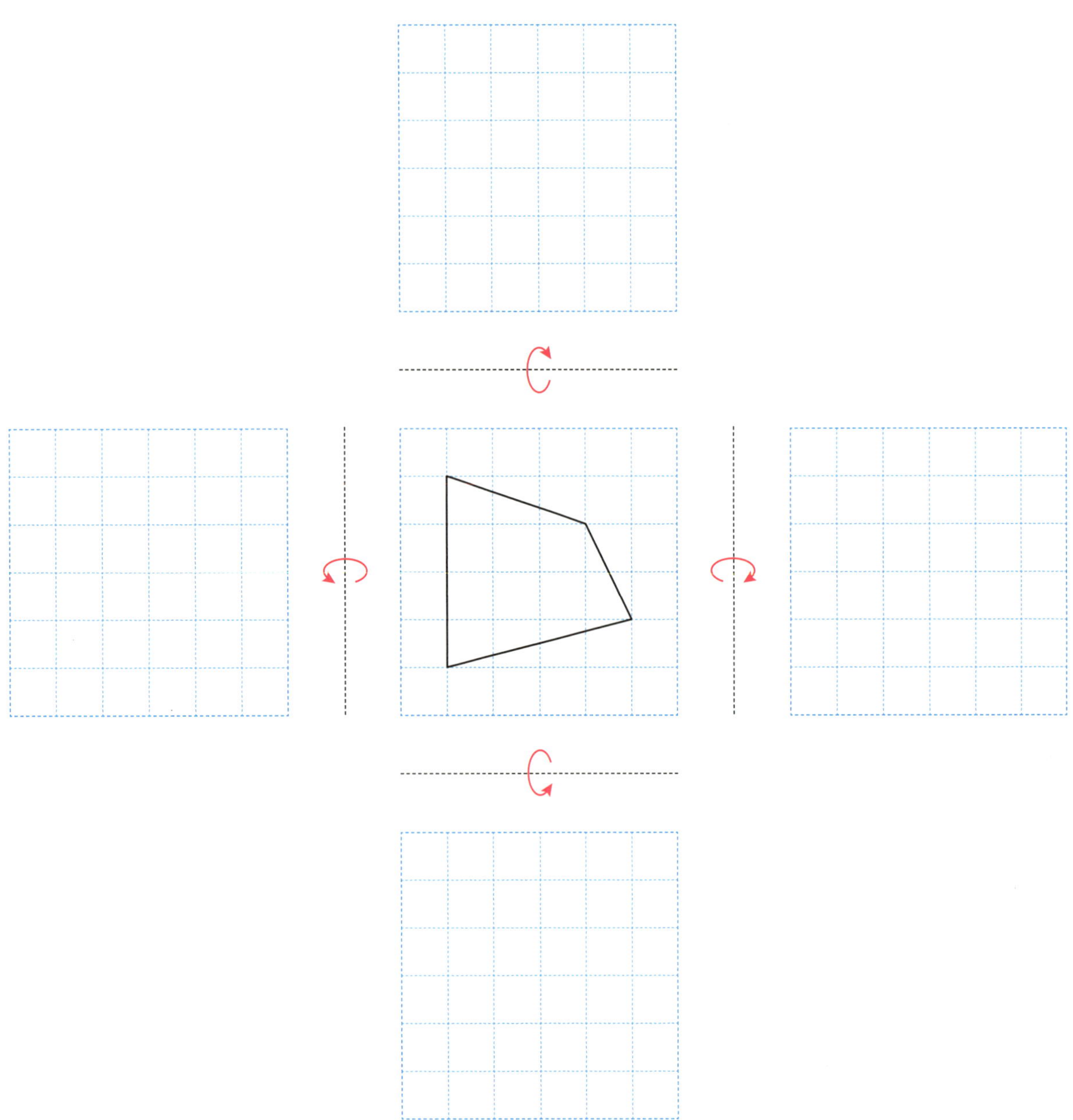

✿ 도형을 오른쪽과 아래쪽, 왼쪽과 위쪽으로 뒤집었을 때의 도형을 각각 그려 보세요.

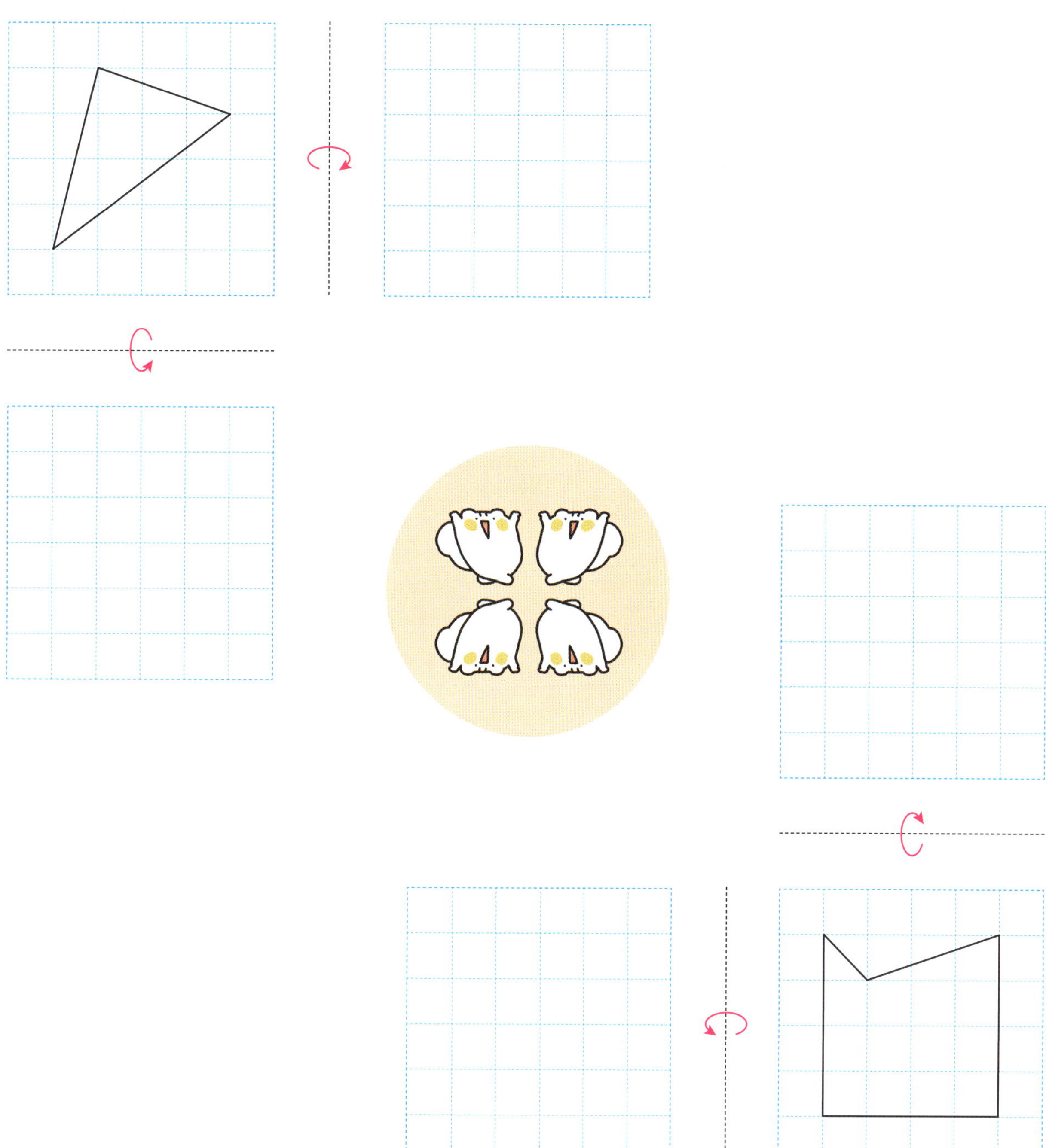

오른쪽으로 뒤집은 도형을 다시 왼쪽으로 뒤집으면 처음 도형이 됩니다.

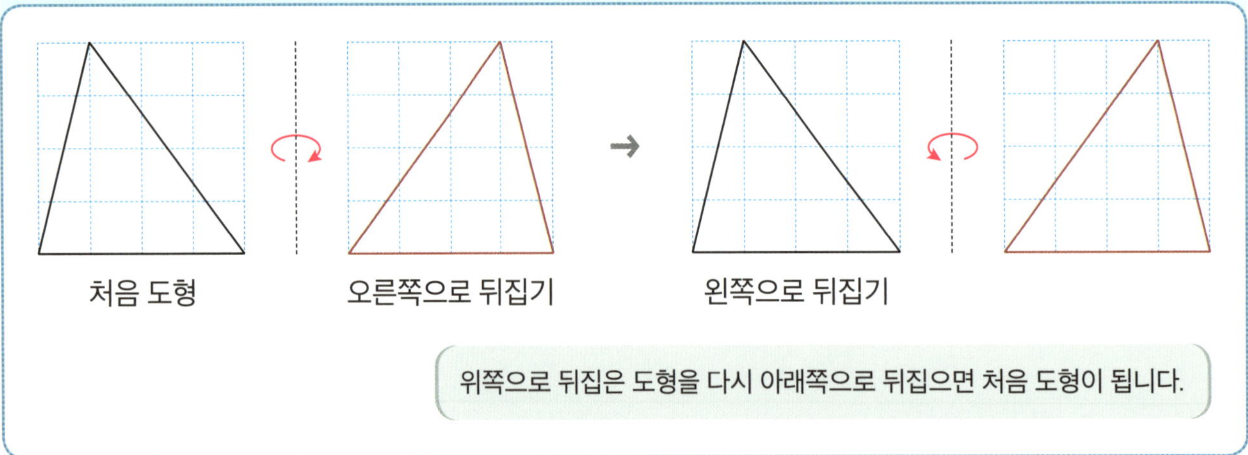

❂ 어떤 도형을 오른쪽으로 뒤집었을 때의 도형입니다. 처음 도형을 그려 보세요.

처음 도형　　　움직인 도형

처음 도형　　　움직인 도형

❈ 어떤 도형을 위쪽으로 뒤집었을 때의 도형입니다. 처음 도형을 그려 보세요.

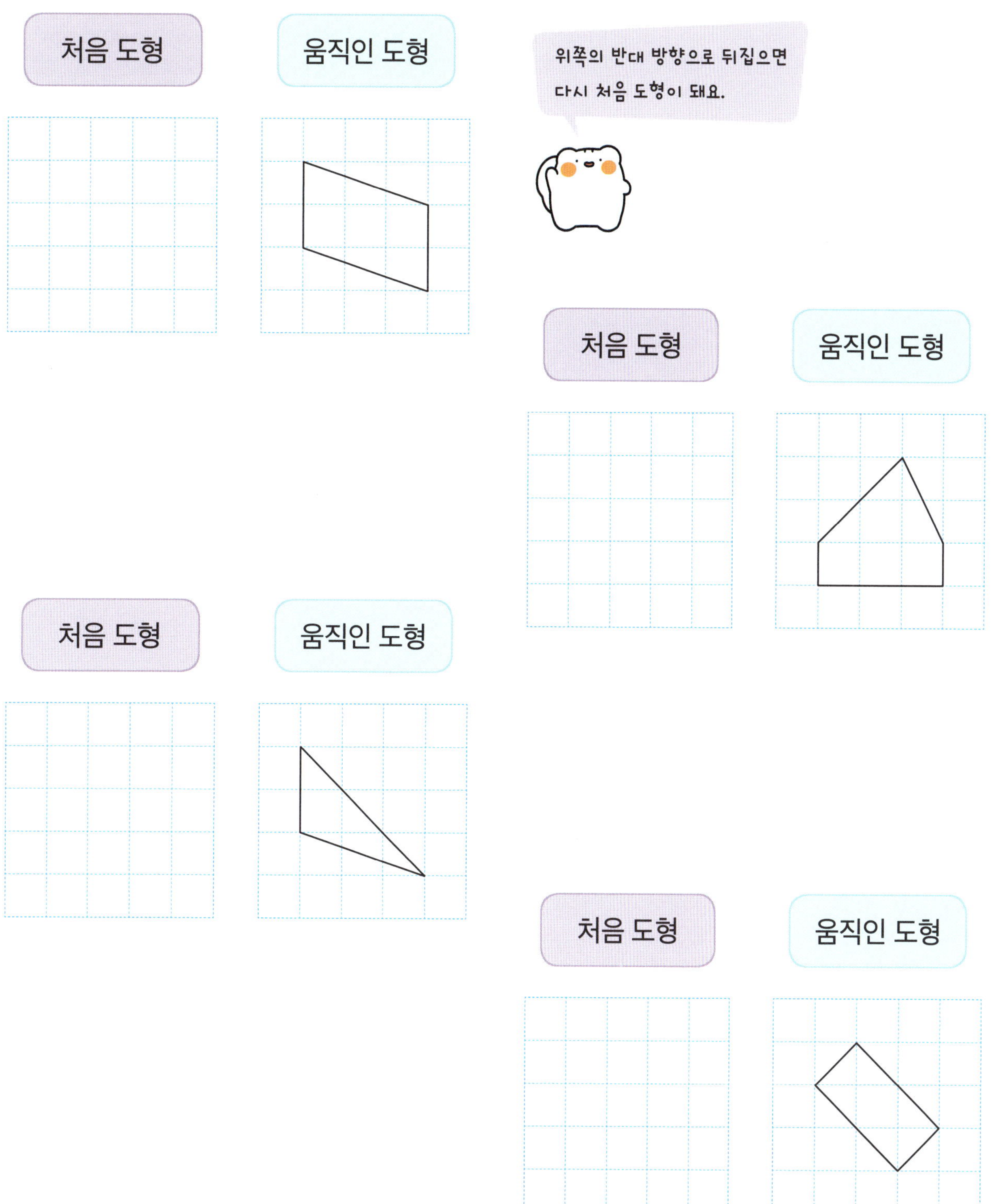

도형을 같은 방향으로 **짝수 번** 뒤집으면 **처음 도형**과 방향이 같아집니다.

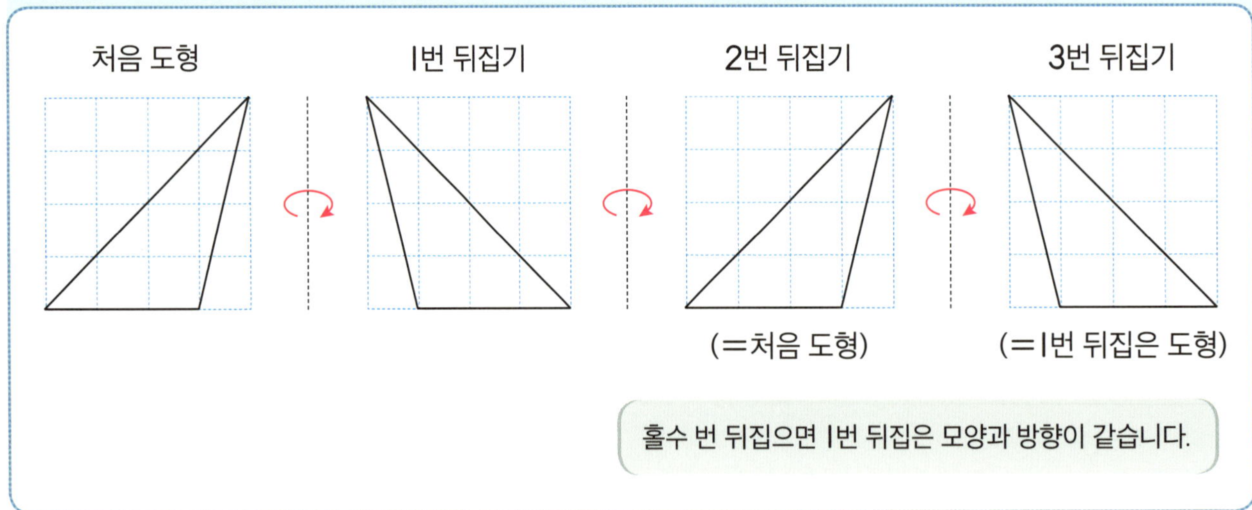

❂ 도형을 오른쪽 또는 왼쪽으로 계속 뒤집었을 때의 도형을 그려 보세요.

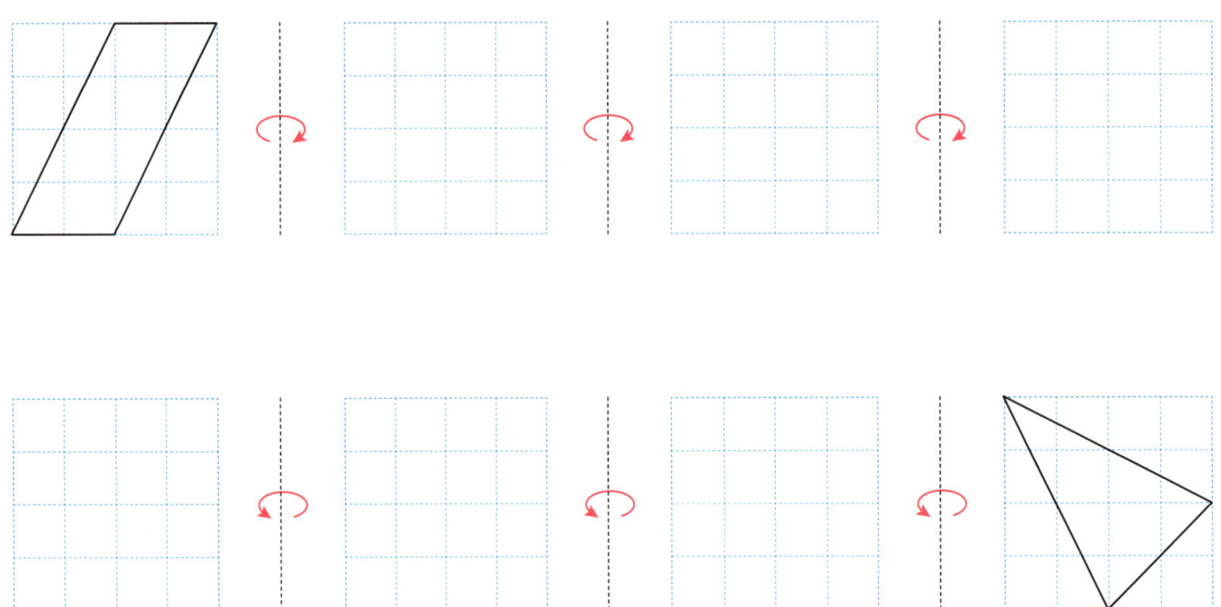

❀ 도형을 주어진 방법으로 뒤집었을 때의 도형을 그려 보세요.

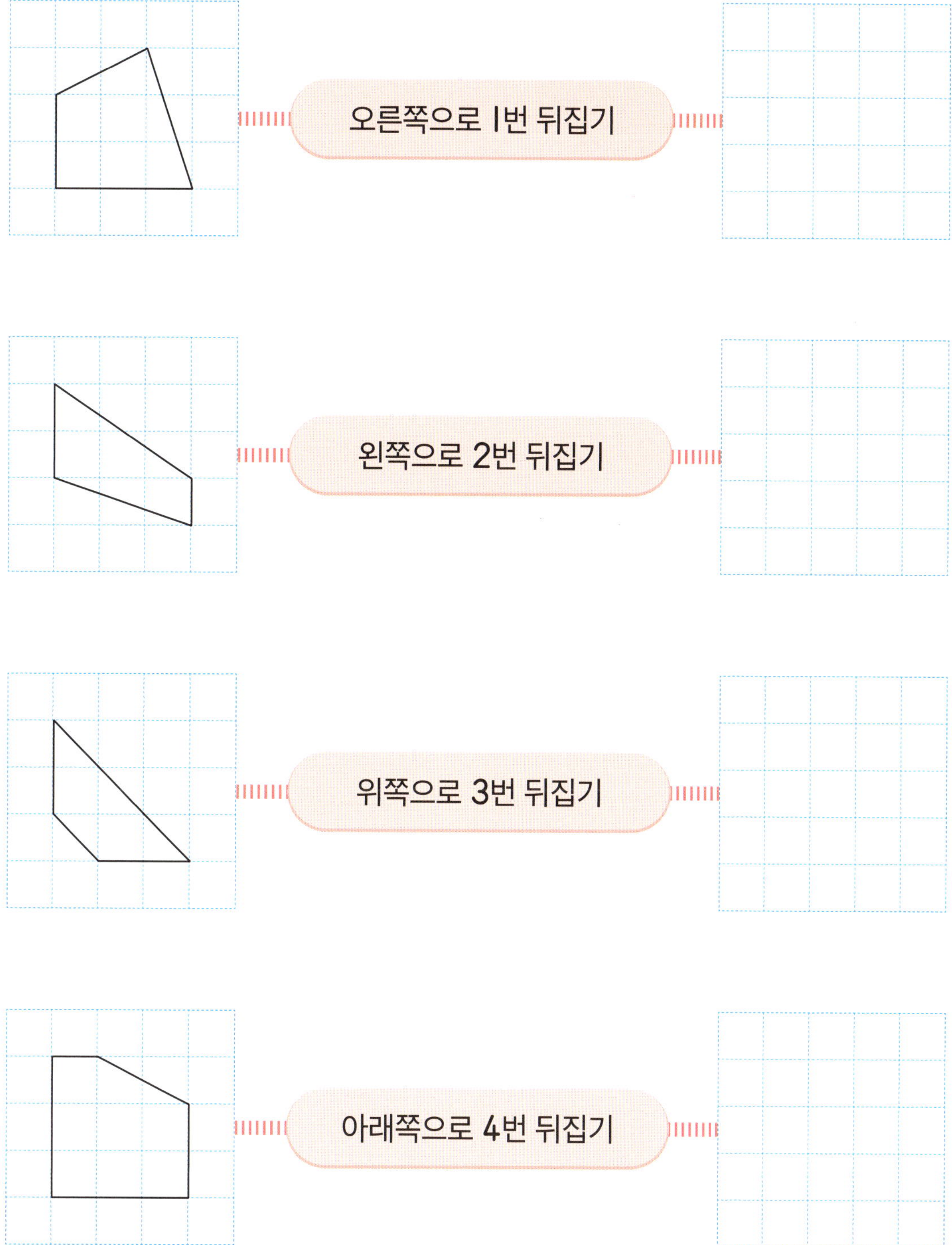

◎ 조각을 움직인 방법을 찾아 모두 ○표 하세요.

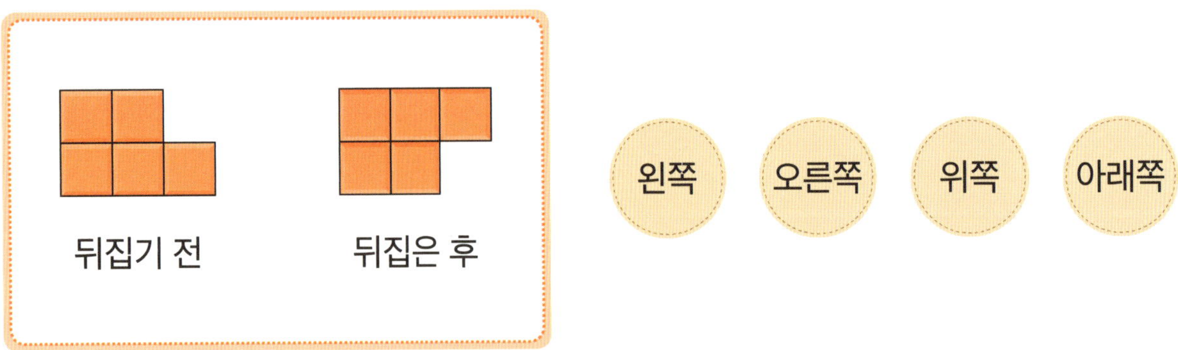

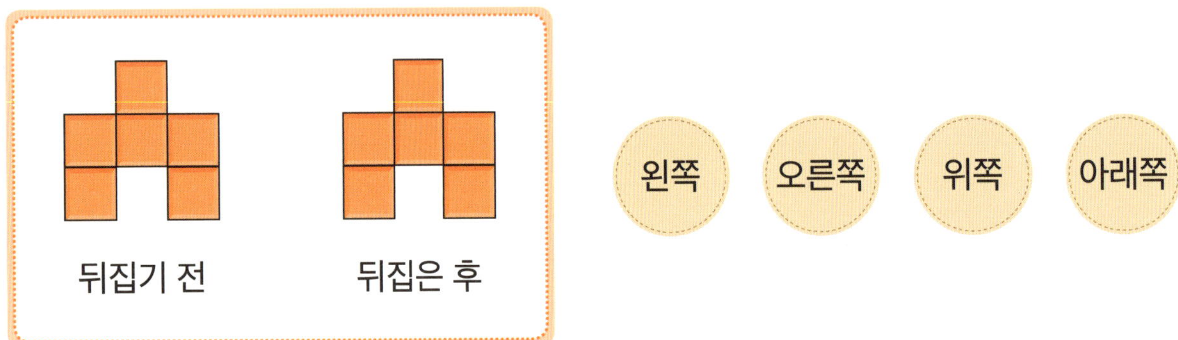

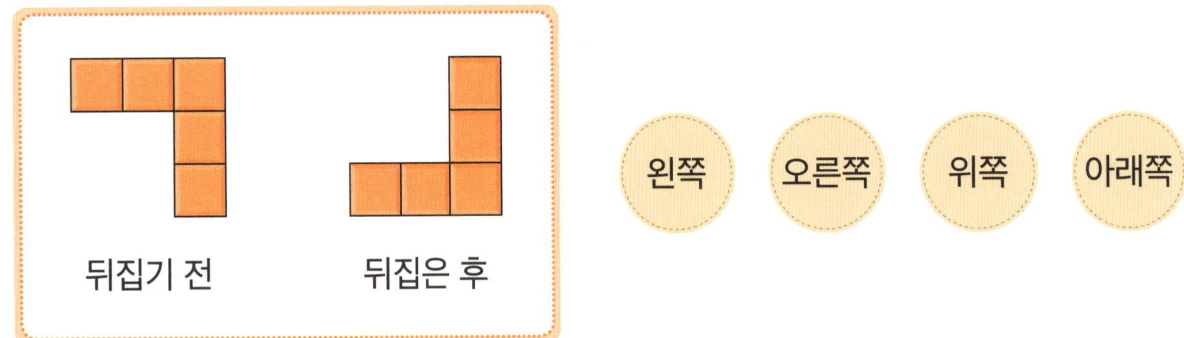

❊ 빈 곳에 꼭 맞게 조각을 놓습니다. 가, 나, 다, 라 조각을 움직인 방법을 써 보세요.

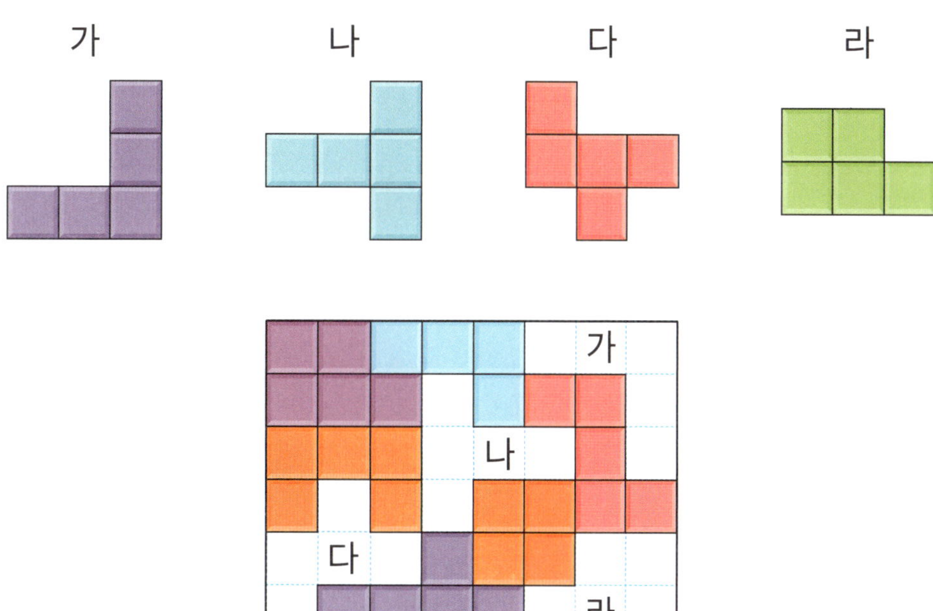

| 가 | | 쪽으로 뒤집기 | | 나 | | 쪽으로 뒤집기 |

| 다 | | 쪽으로 뒤집기 | | 라 | | 쪽으로 뒤집기 |

✿ 왼쪽으로 뒤집었을 때 처음 그림과 방향이 같은 것에 모두 ◯표 하세요.

 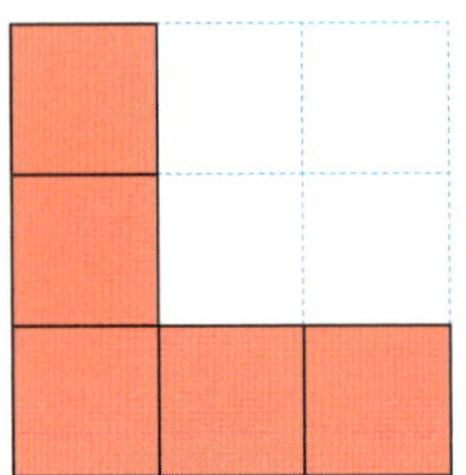 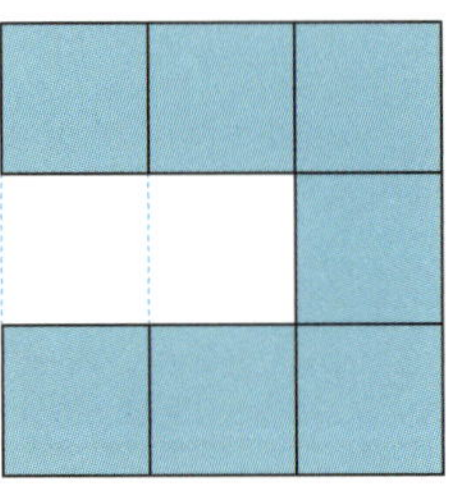

  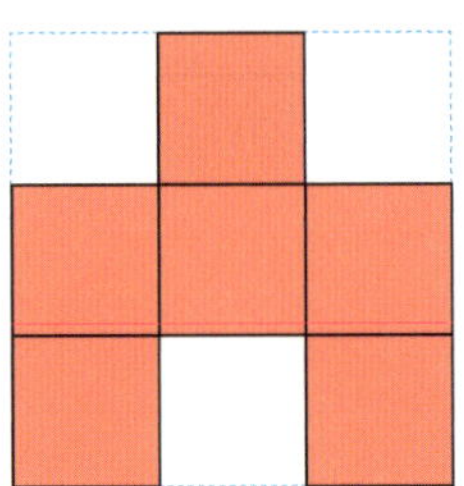

✿ 위쪽으로 뒤집었을 때 처음 그림과 방향이 같은 것에 모두 ◯표 하세요.

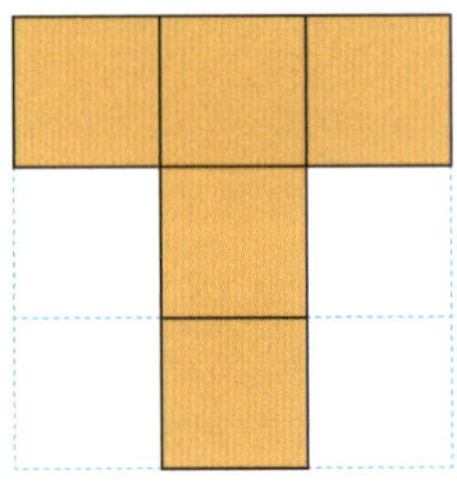 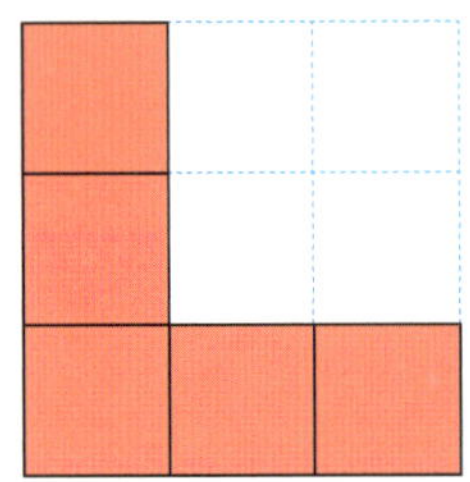 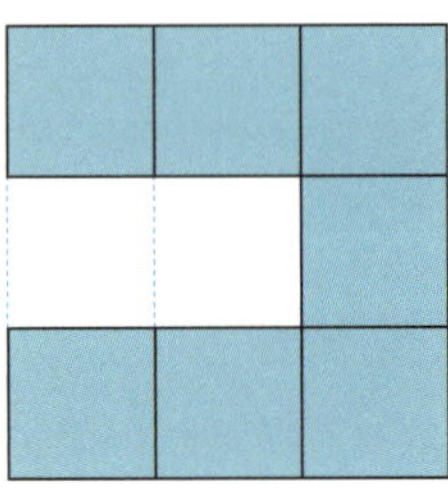

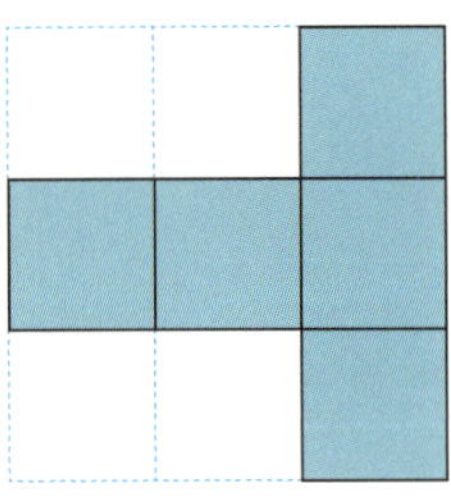  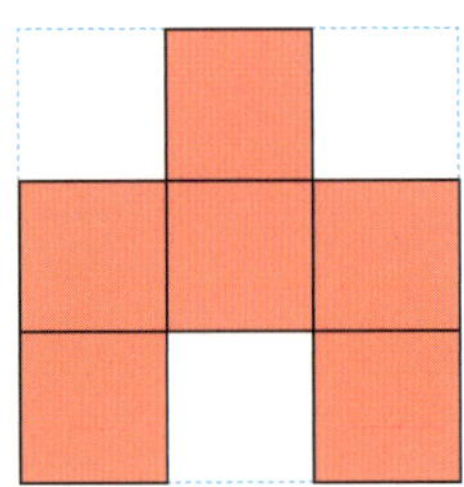

❖ 주어진 방법으로 뒤집었을 때 처음 그림과 방향이 같아지도록 모눈 칸을 색칠해 보세요.

돌리기 전

돌린 후

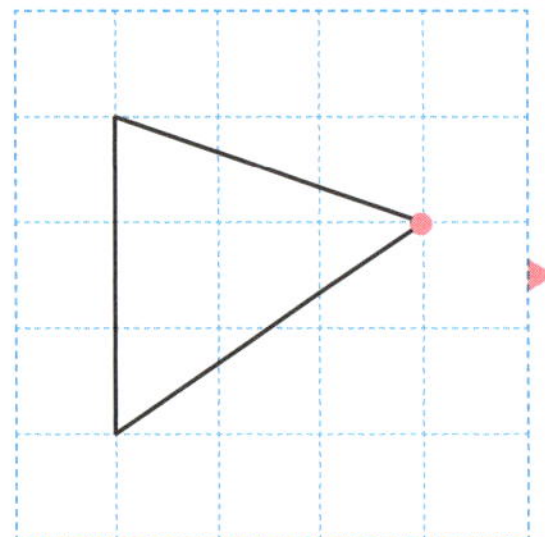

시계 방향으로
90° 돌리기

만큼 돌리면 도형의 위쪽
부분은 오른쪽으로, 아래쪽 부분은
왼쪽으로 이동해요.

 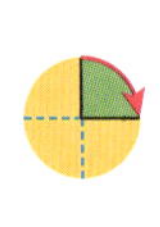  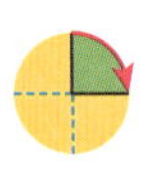  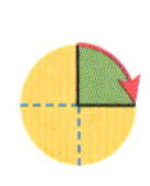  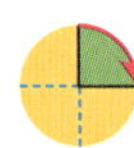 

돌리기 전

돌린 후

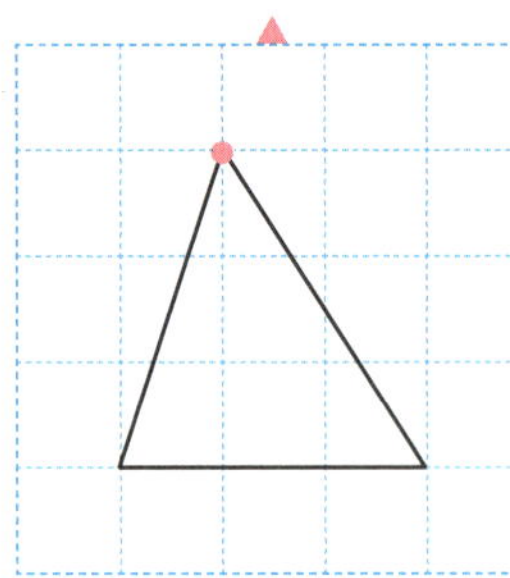
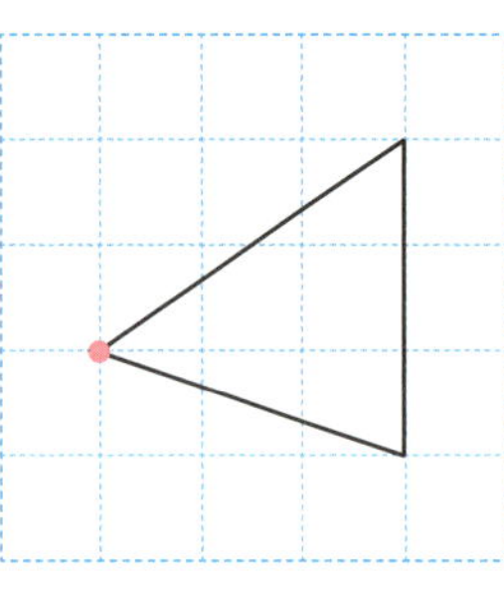

시계 반대 방향으로
90° 돌리기

만큼 돌리면 도형의 위쪽
부분은 왼쪽으로, 아래쪽 부분은
오른쪽으로 이동해요.

 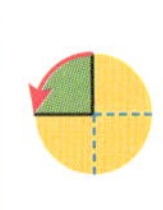  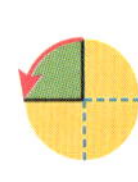  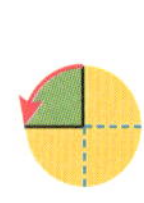  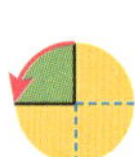 

 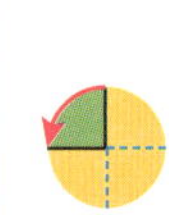 

90˚ 돌리기

점 돌리기

투명 종이를 시계 방향 또는 시계 반대 방향으로 90°만큼 돌렸을 때의 점을 그려 보세요.

시계 방향으로 90° 돌리기	시계 반대 방향으로 90° 돌리기
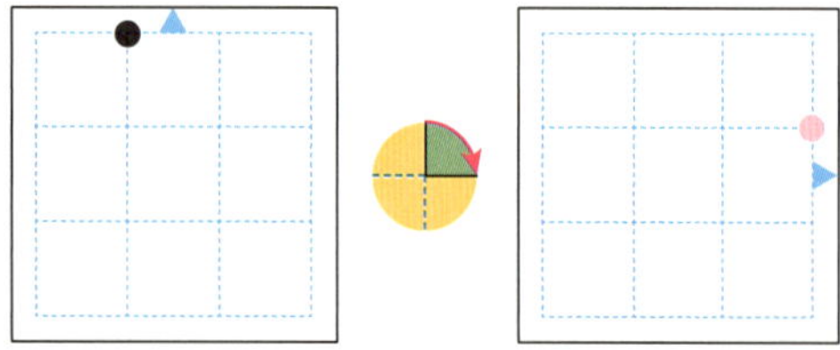	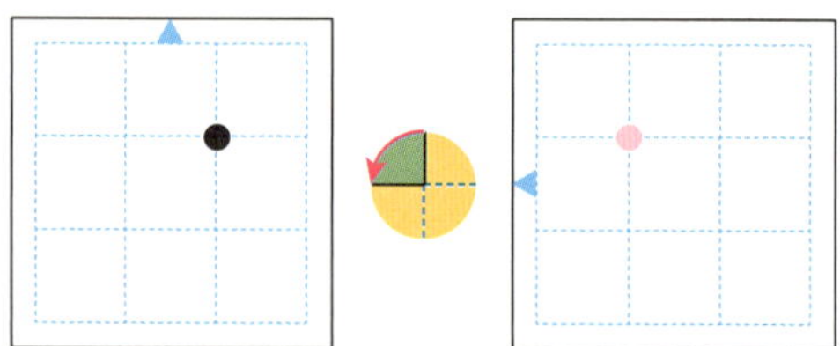
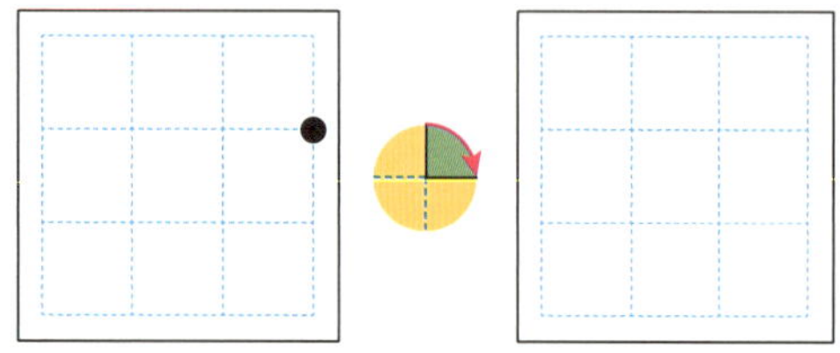	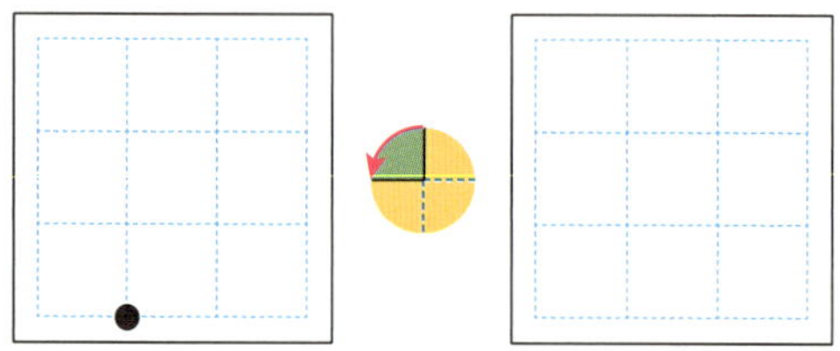
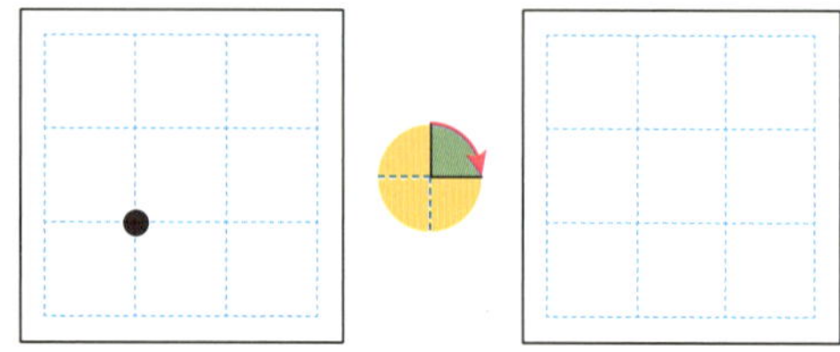	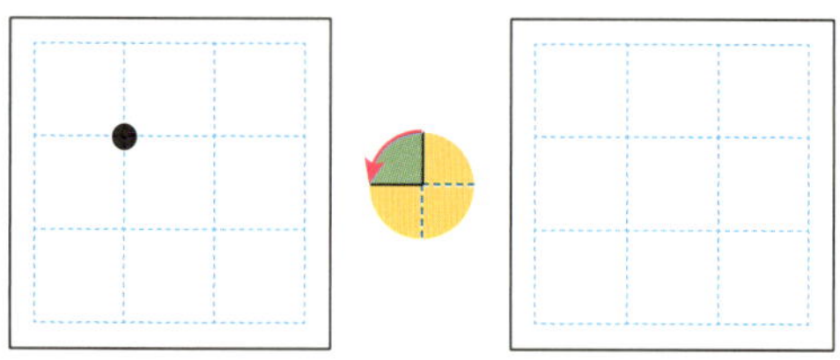
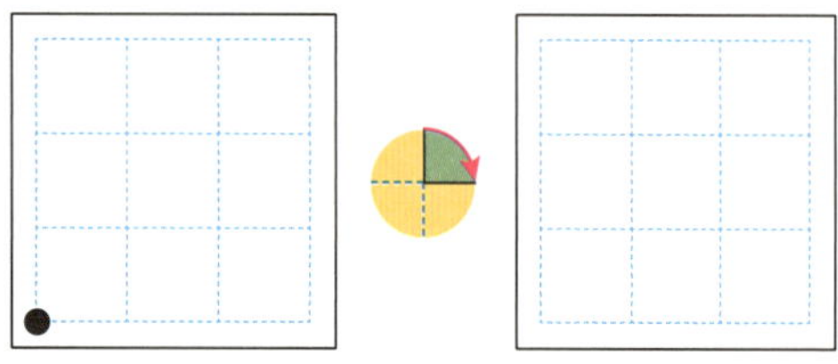	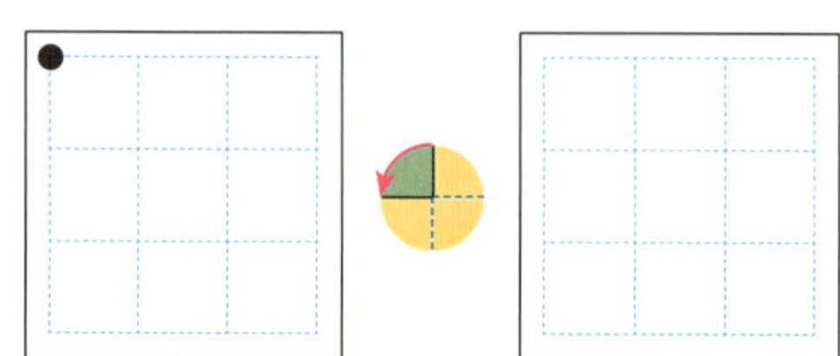

투명 종이를 시계 방향과 시계 반대 방향으로 각각 **90°**만큼 돌렸을 때의 점을 그려 보세요.

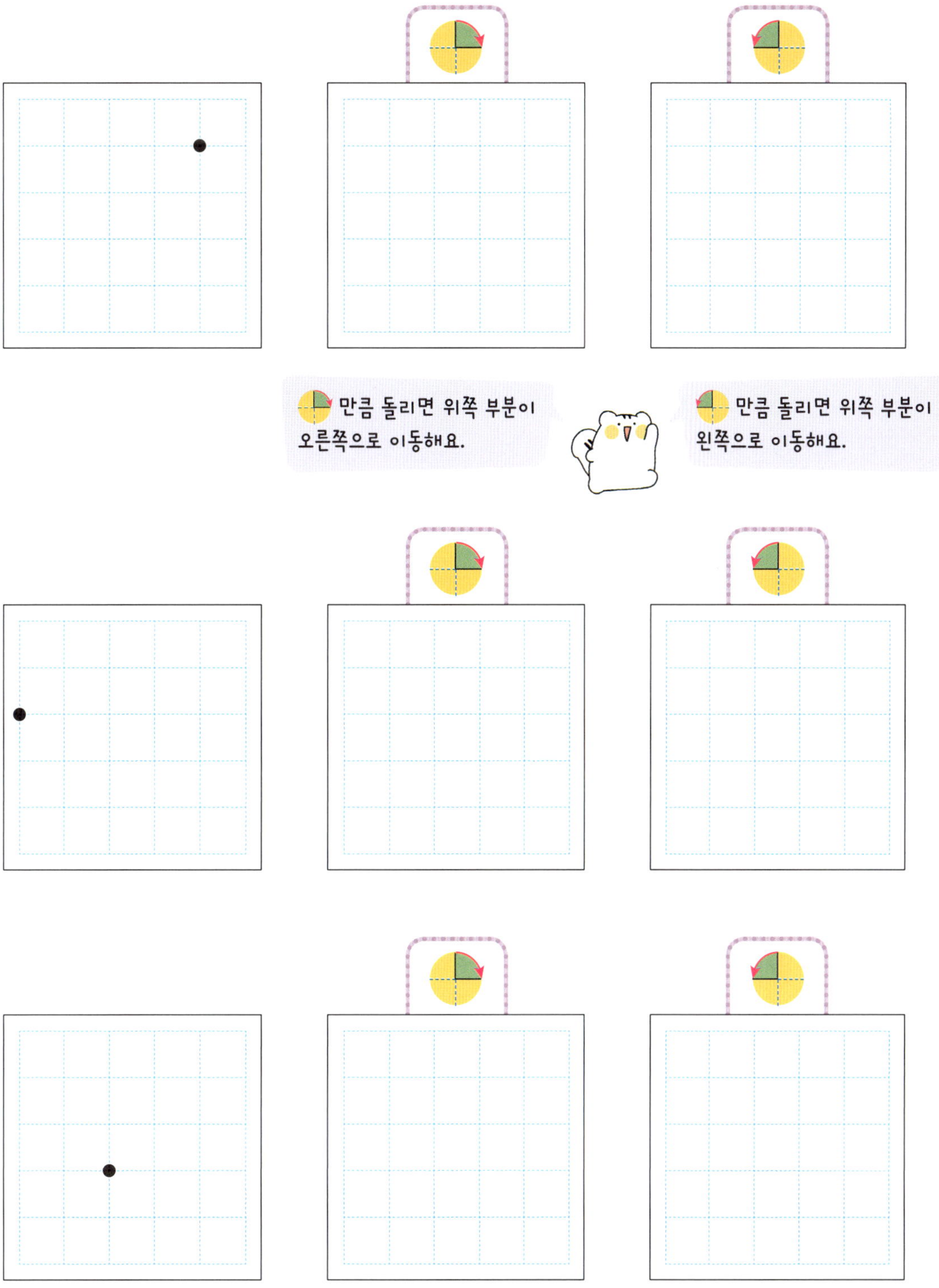

◎ 투명 종이를 시계 방향 또는 시계 반대 방향으로 90˚만큼 돌렸을 때의 선을 그려 보세요.

시계 방향으로 90˚ 돌리기	시계 반대 방향으로 90˚ 돌리기

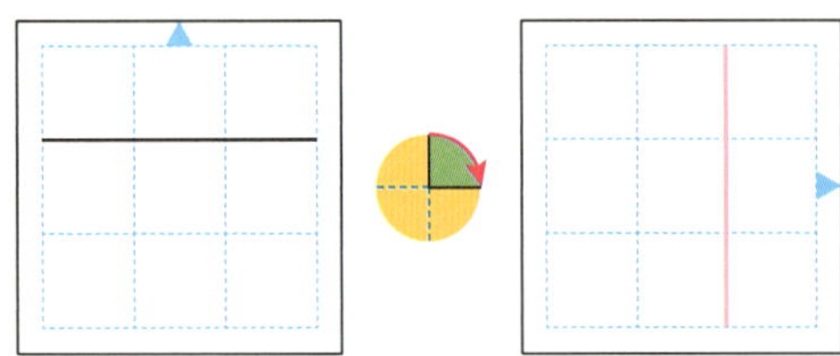 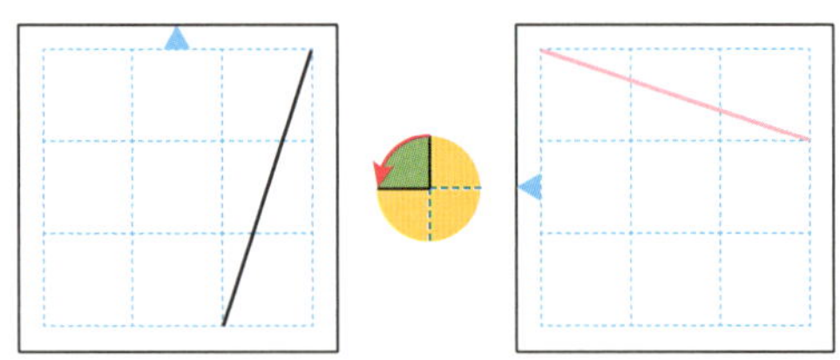

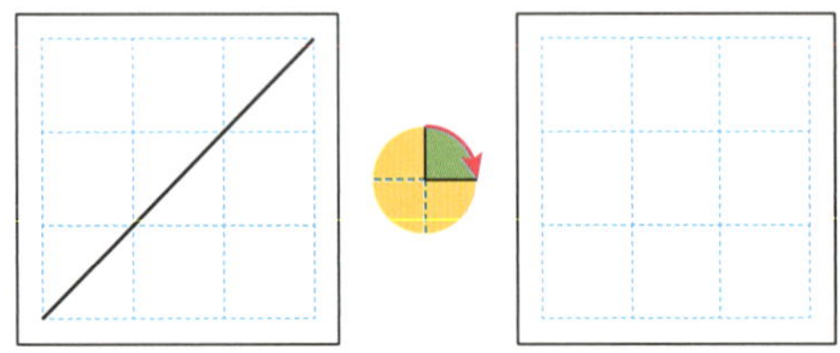 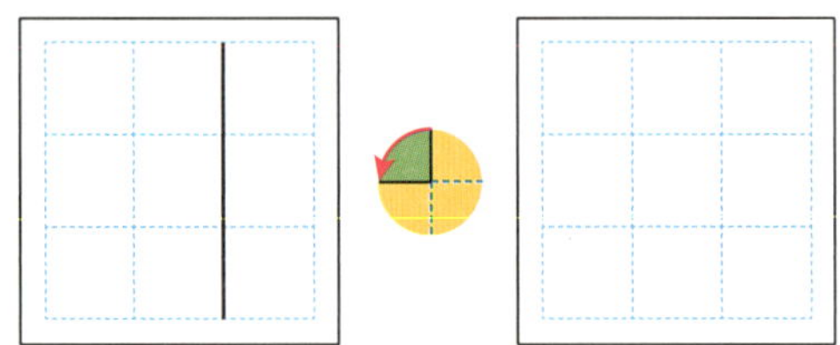

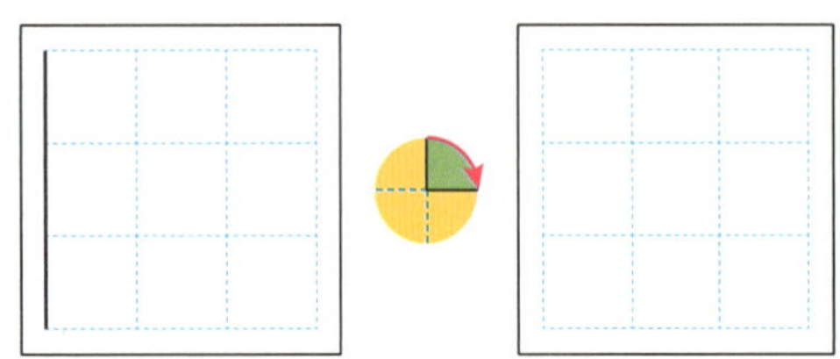 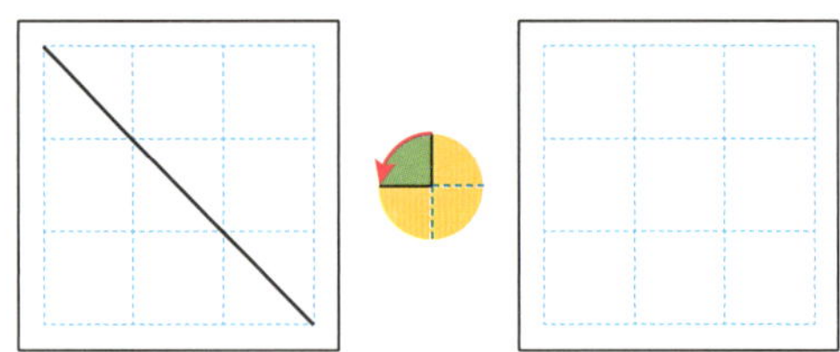

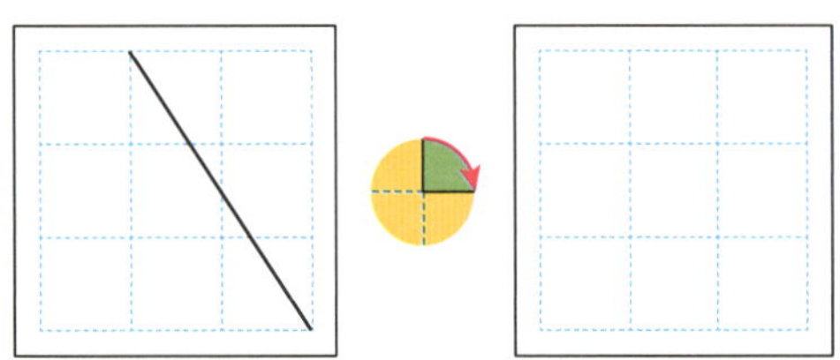 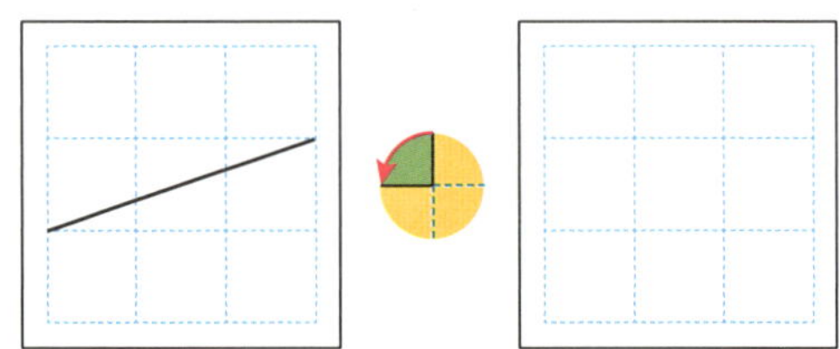

❀ 투명 종이를 시계 방향과 시계 반대 방향으로 각각 90°만큼 돌렸을 때의 선을 그려 보세요.

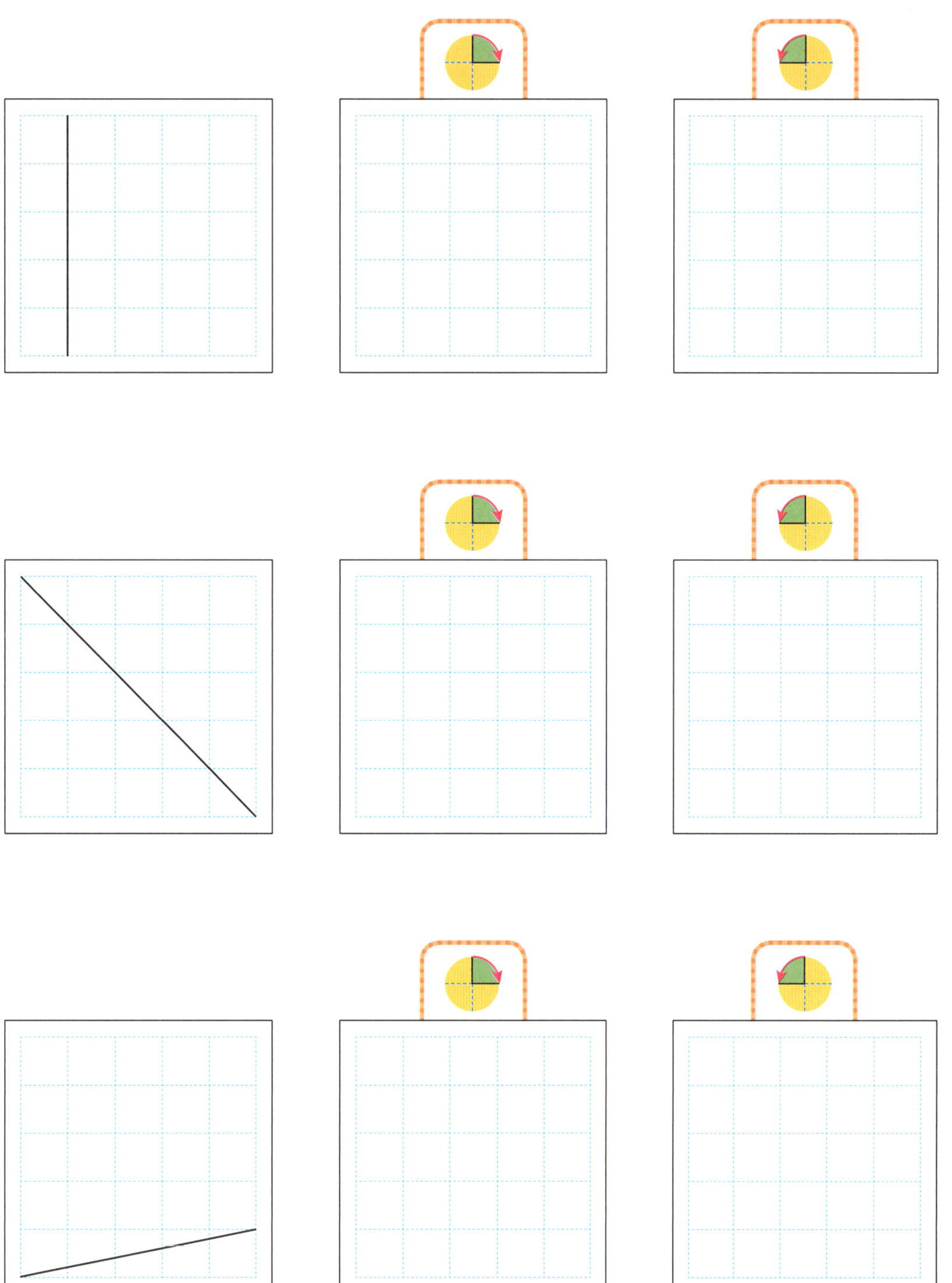

도형을 돌리면 도형의 방향만 바뀌고, 모양은 변하지 않습니다.

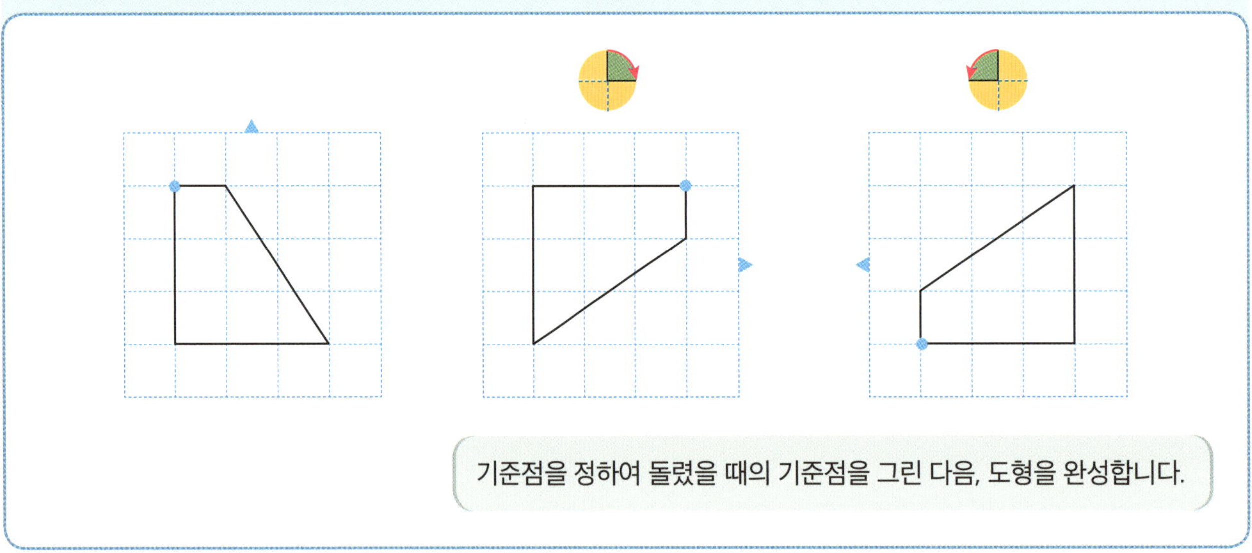

기준점을 정하여 돌렸을 때의 기준점을 그린 다음, 도형을 완성합니다.

⚙ 도형을 시계 방향 또는 시계 반대 방향으로 90°만큼 돌렸을 때의 도형을 그려 보세요.

시계 방향으로 90° 돌리기

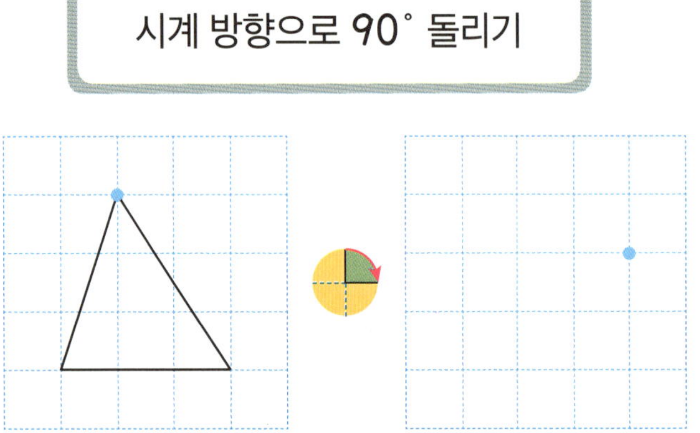

시계 반대 방향으로 90° 돌리기

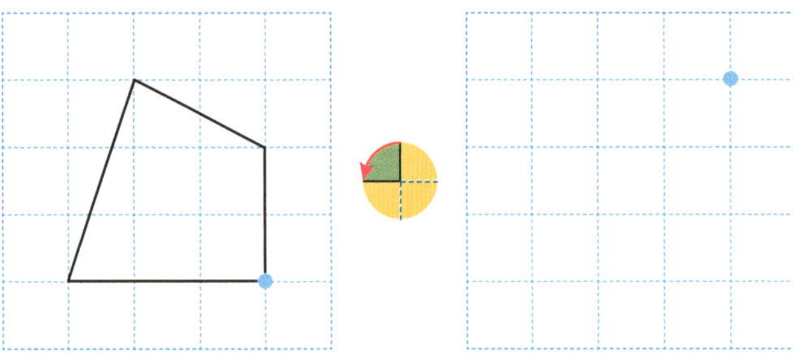

☼ 도형을 시계 방향과 시계 반대 방향으로 각각 **90˚**만큼 돌렸을 때의 도형을 그려 보세요.

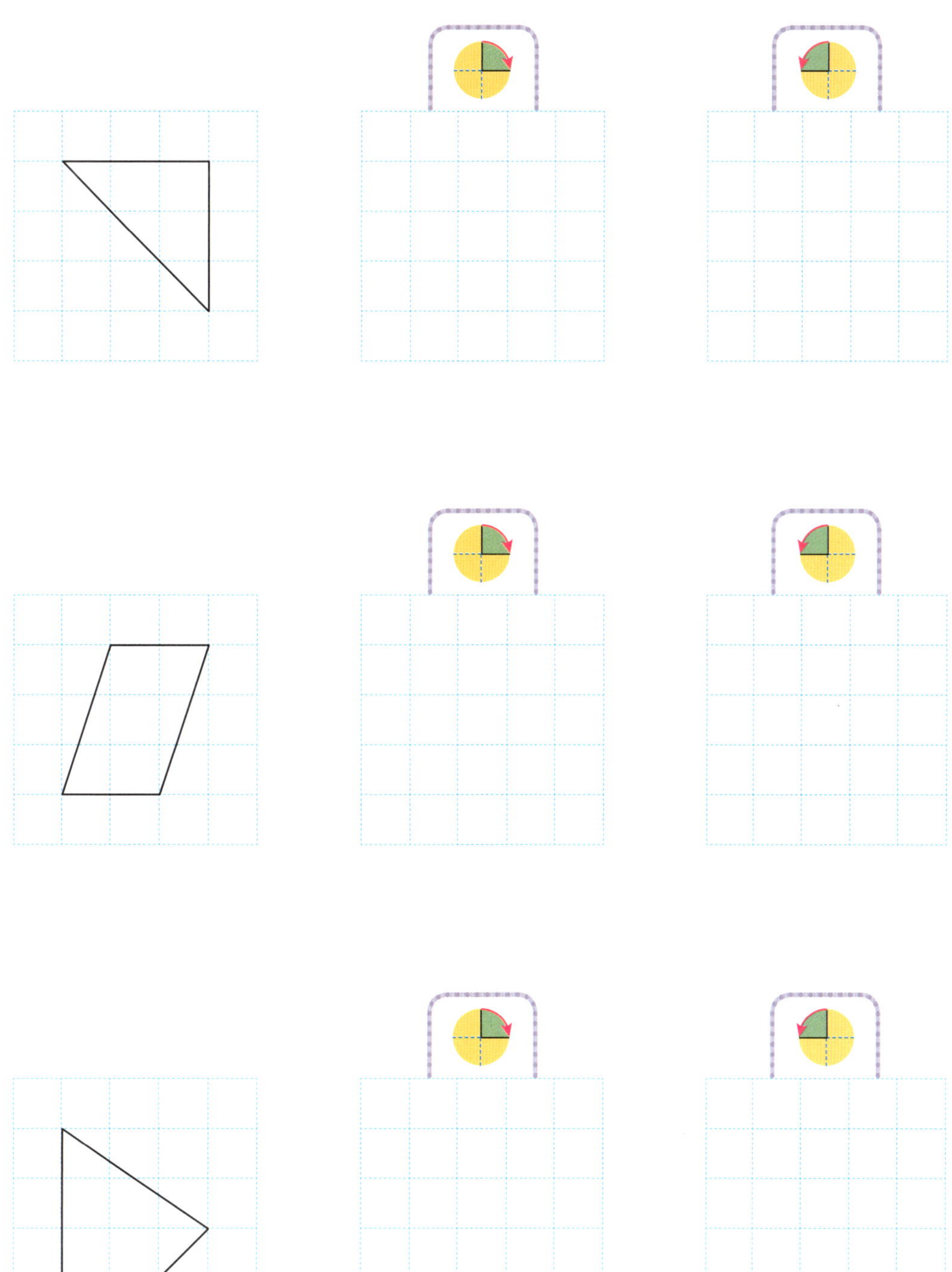

◎ 조각을 시계 방향과 시계 반대 방향으로 각각 90°만큼 돌렸을 때의 모양을 그려 보세요.

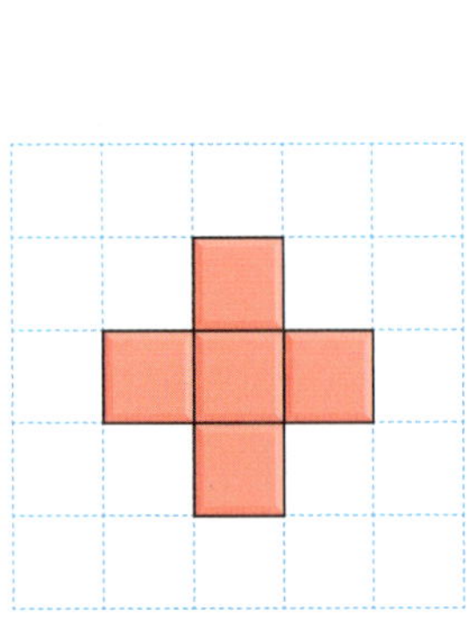
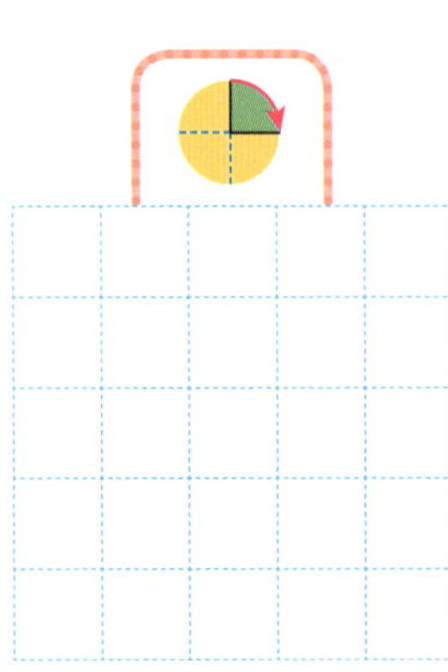
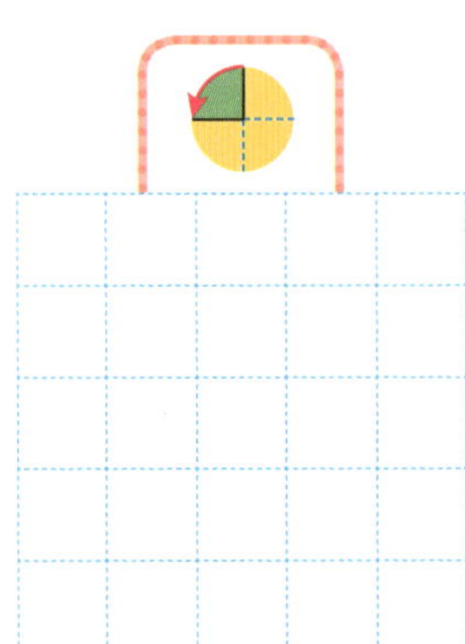

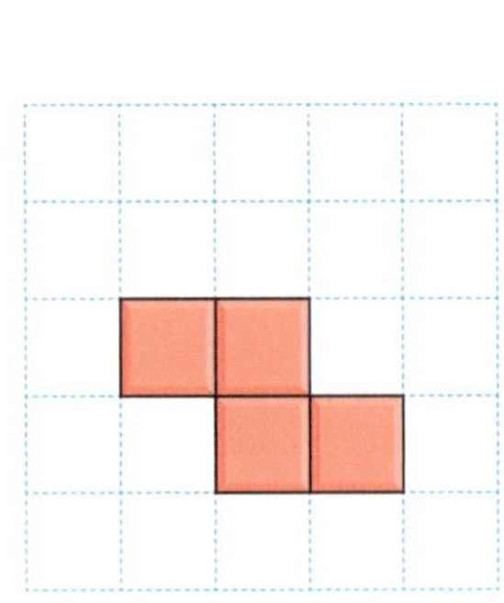
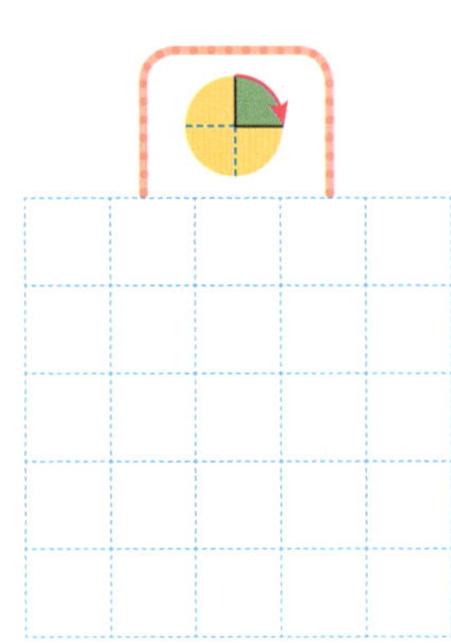
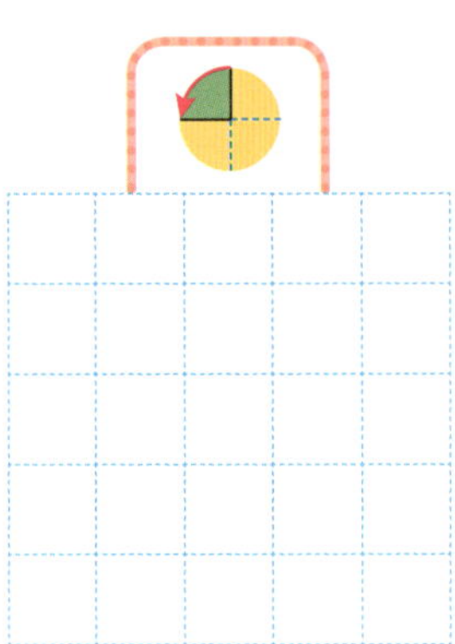

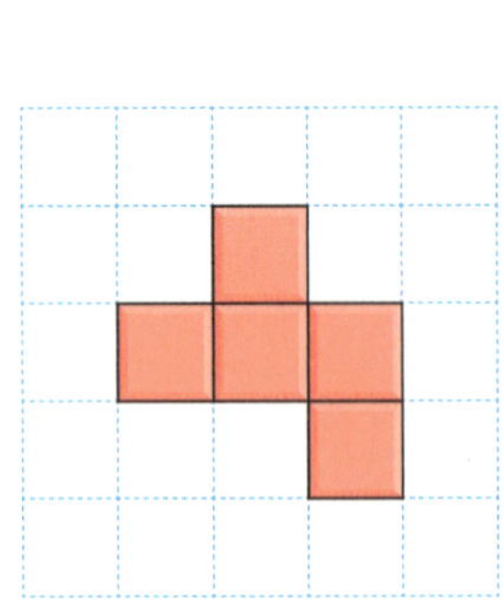
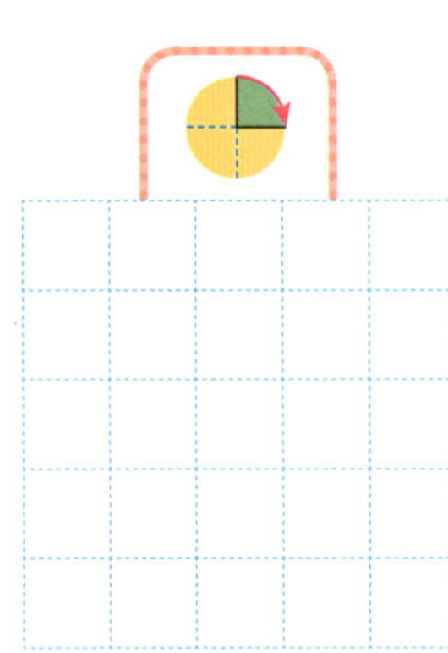
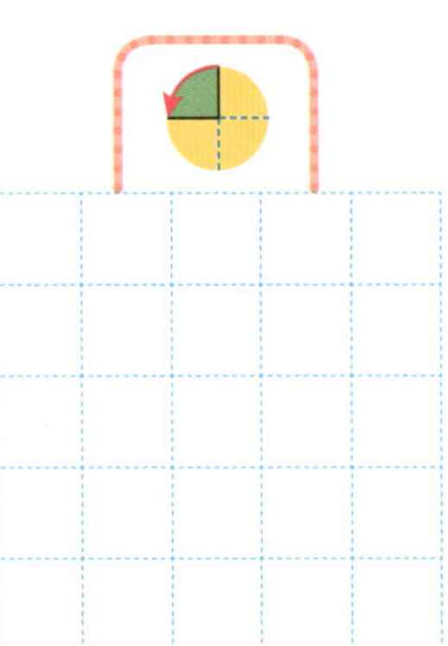

✿ 조각을 시계 방향으로 90°만큼 돌린 모양과 시계 반대 방향으로 90°만큼 돌린 모양의
방향이 서로 같은 것에 모두 ◯표 하세요.

무늬를 주어진 방법으로 돌렸을 때의 무늬를 찾아 이어 보세요.

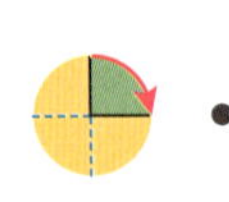 

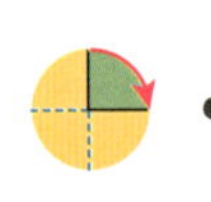 

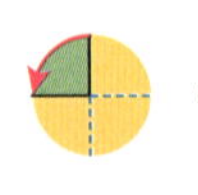 

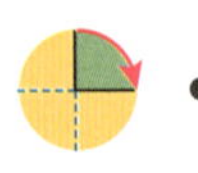 

◉ 주어진 무늬 중 하나를 골라 처음 무늬에 그려 보세요.

처음 무늬를 시계 방향 또는 시계 반대 방향으로 90°만큼 돌린 모양을 그려 보세요.

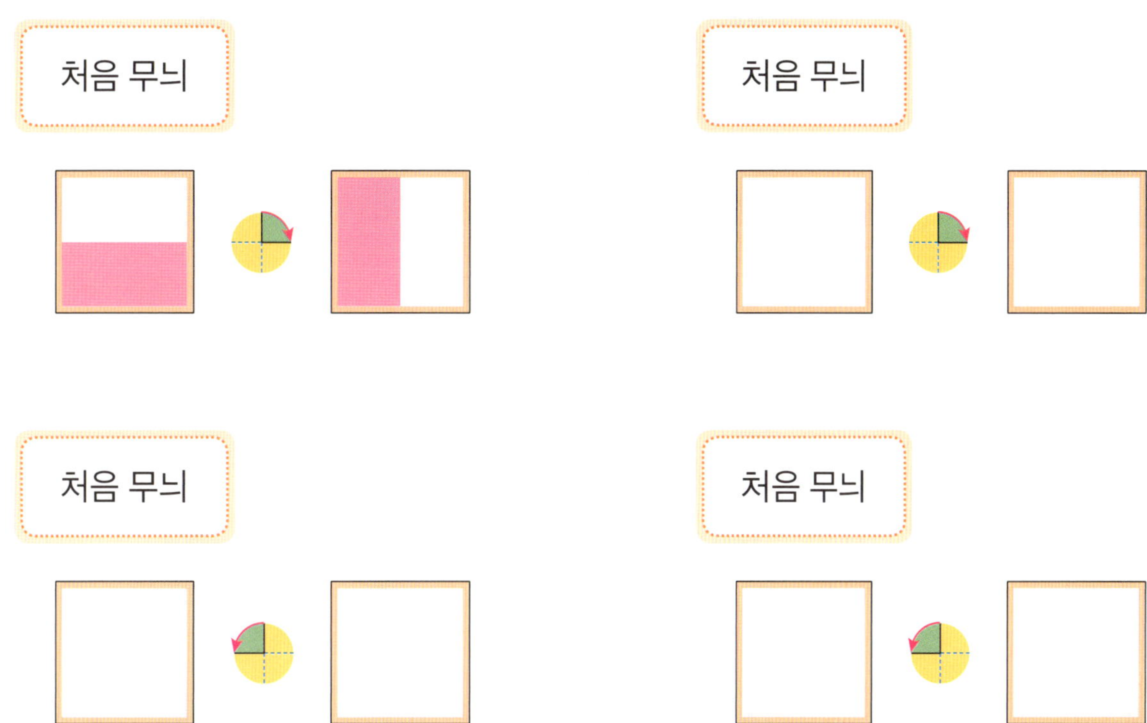

돌리기 전

돌린 후

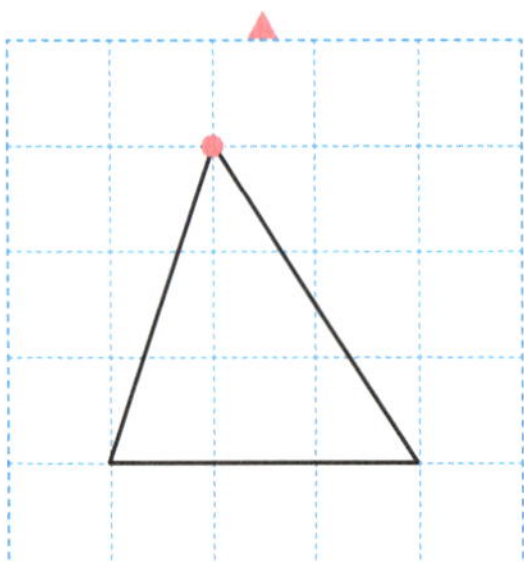

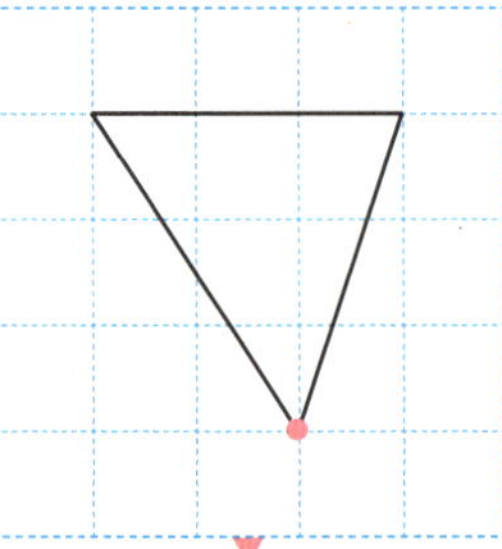

시계 방향으로
180˚ 돌리기

 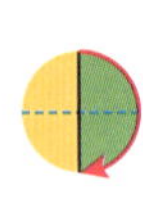  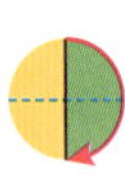  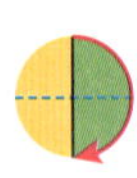  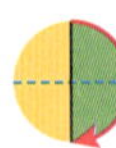 

돌리기 전

돌린 후

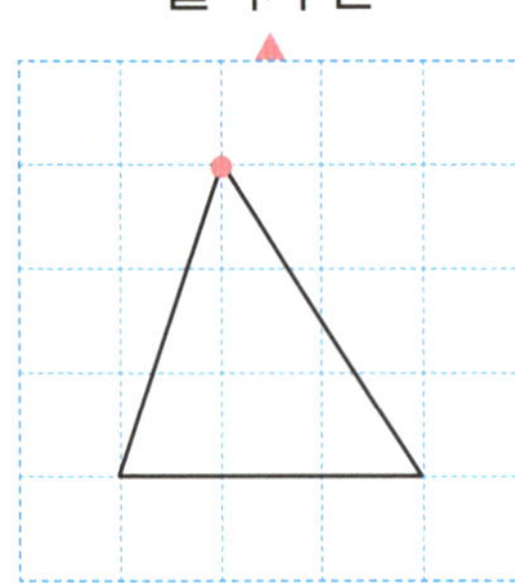

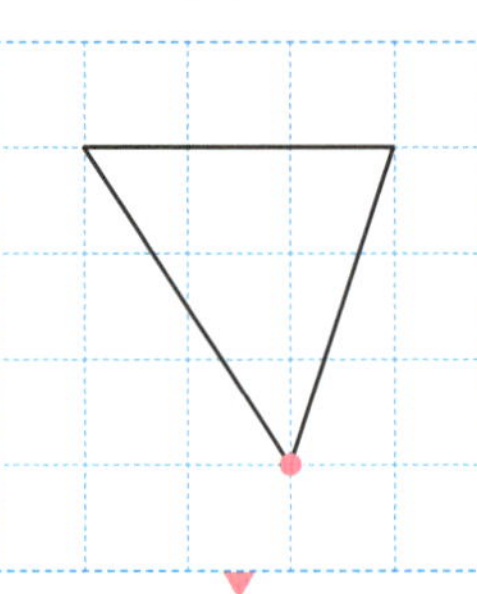

시계 반대 방향으로
180˚ 돌리기

 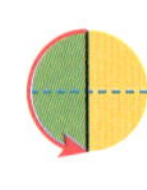  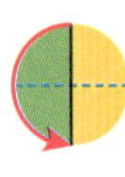  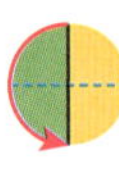  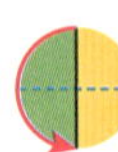 

  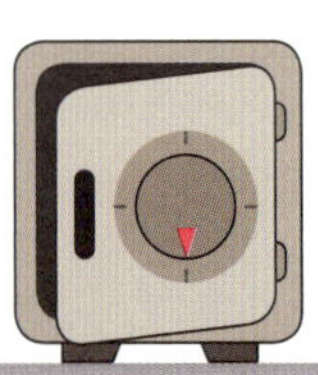

 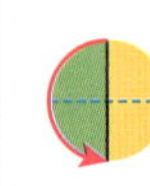 

180˚ 돌리기

투명 종이를 시계 방향 또는 시계 반대 방향으로 180°만큼 돌렸을 때의 점을 그려 보세요.

시계 방향으로 180° 돌리기	시계 반대 방향으로 180° 돌리기
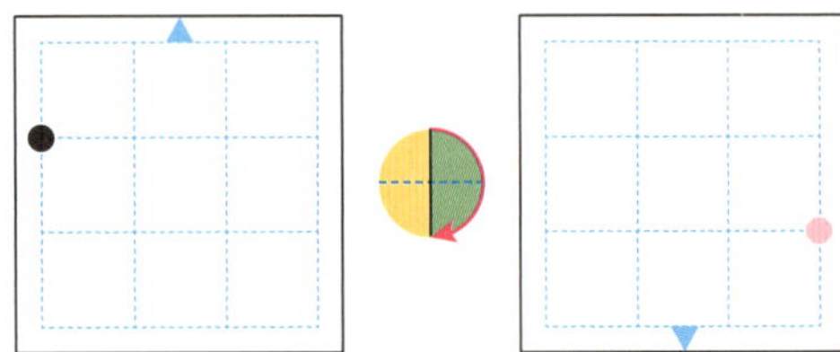	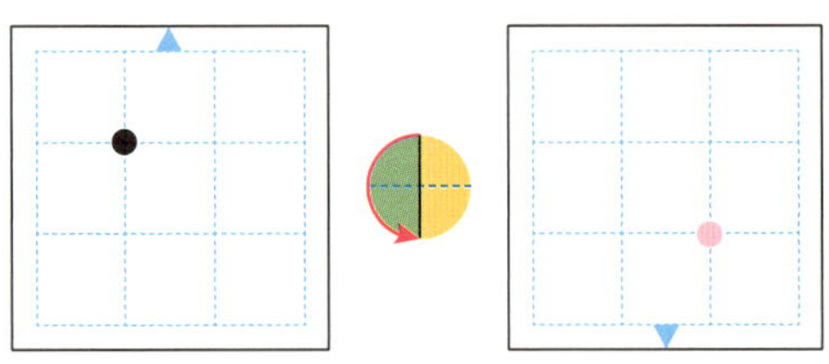
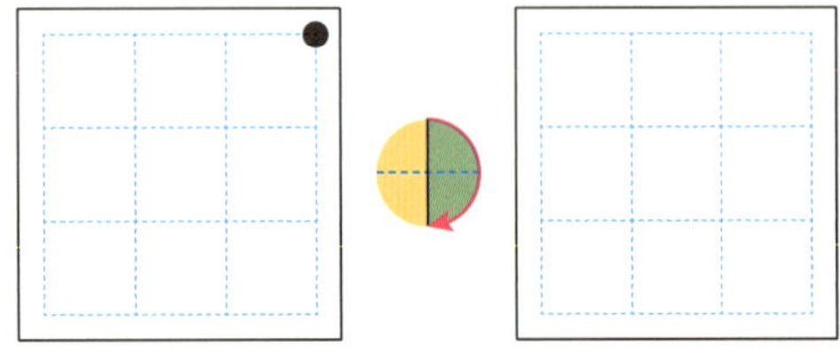	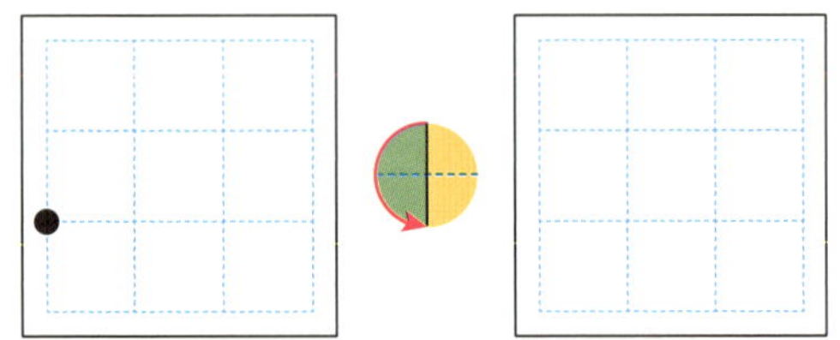
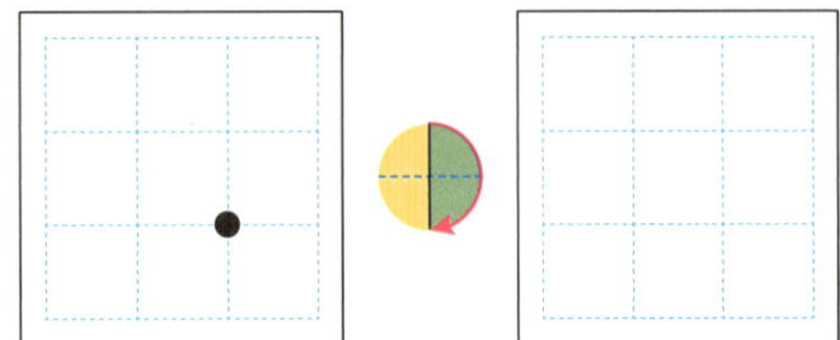	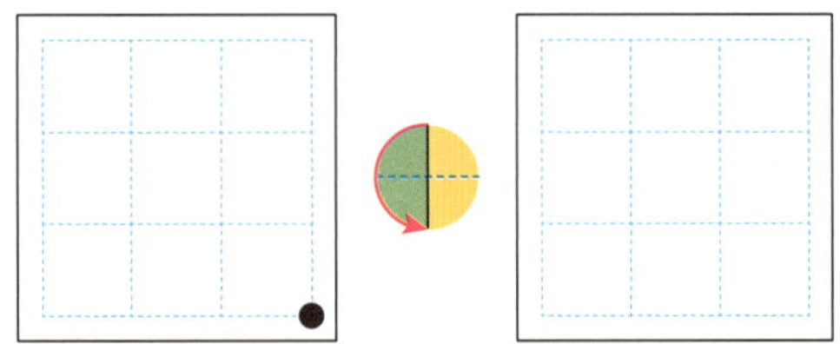
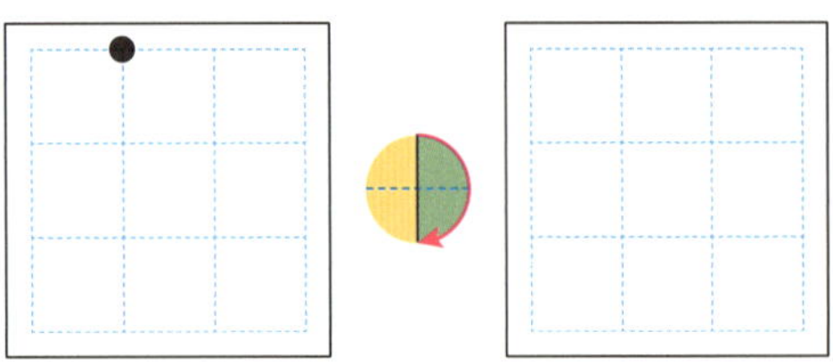	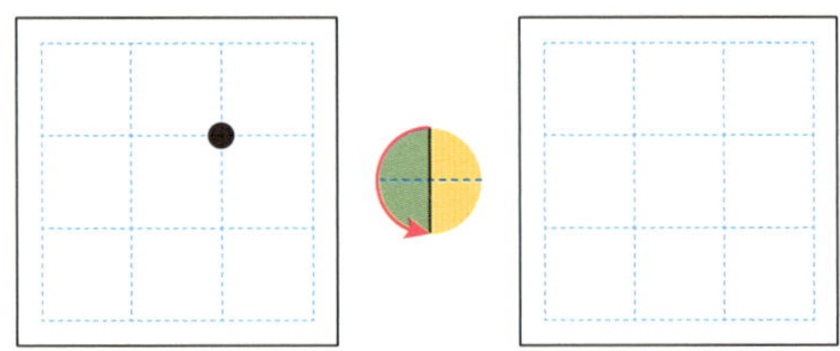

❀ 투명 종이를 시계 방향과 시계 반대 방향으로 각각 180°만큼 돌렸을 때의 점을 그려 보세요.

✿ 투명 종이를 시계 방향 또는 시계 반대 방향으로 180°만큼 돌렸을 때의 선을 그려 보세요.

시계 방향으로 180° 돌리기	시계 반대 방향으로 180° 돌리기

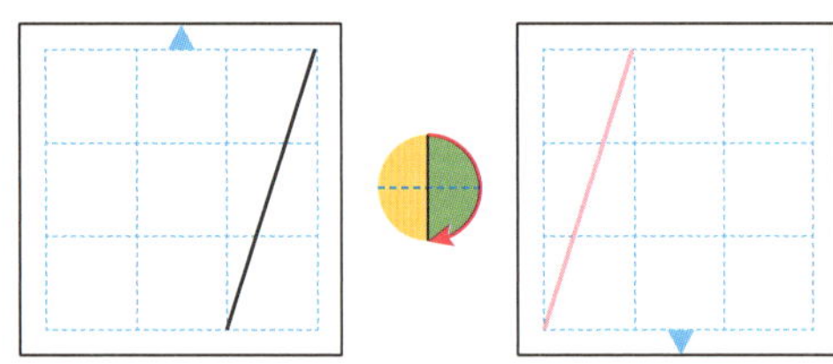 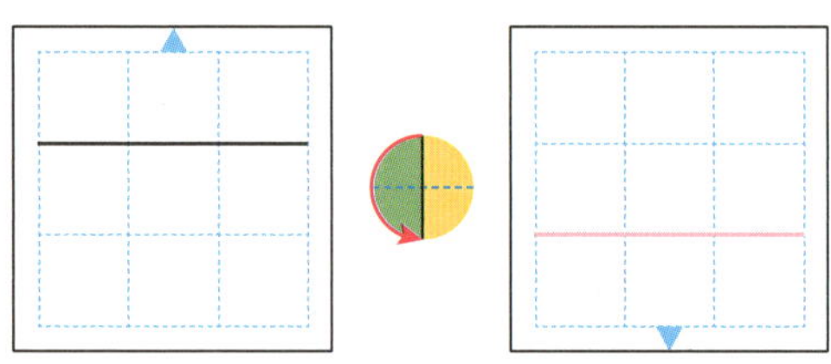

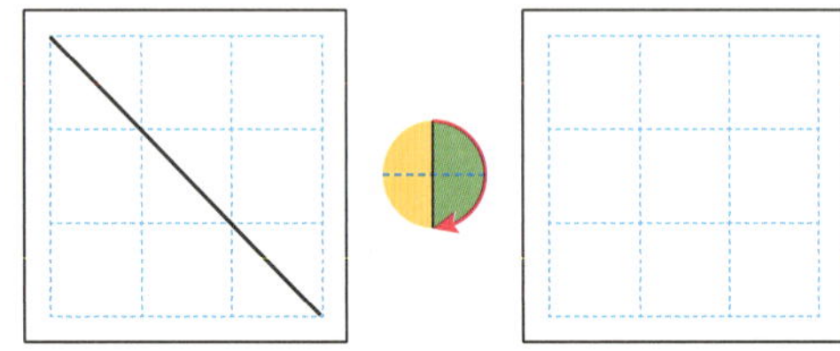 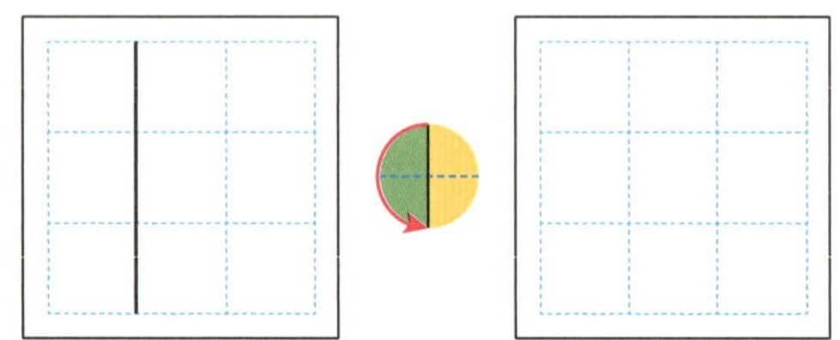

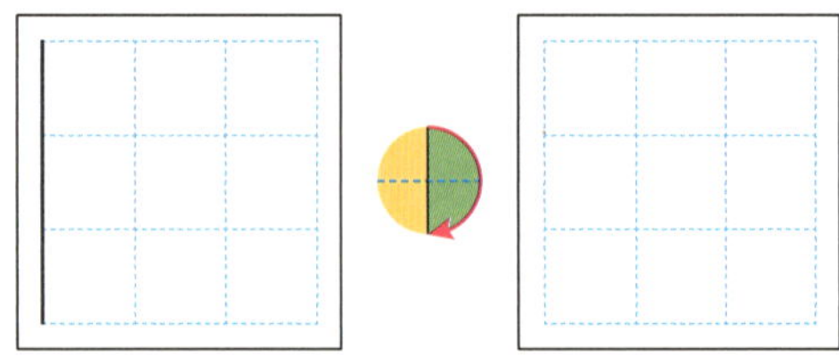 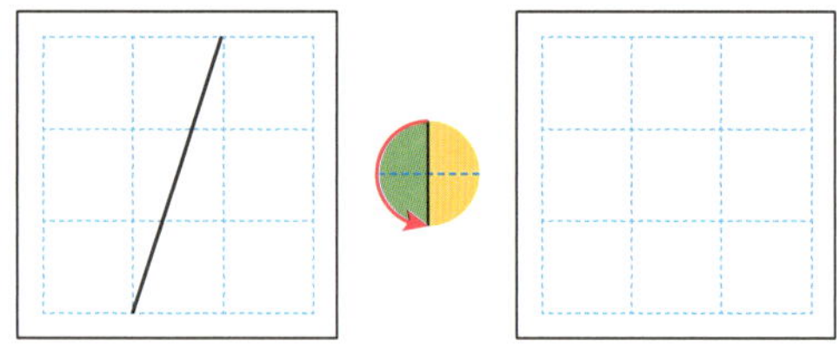

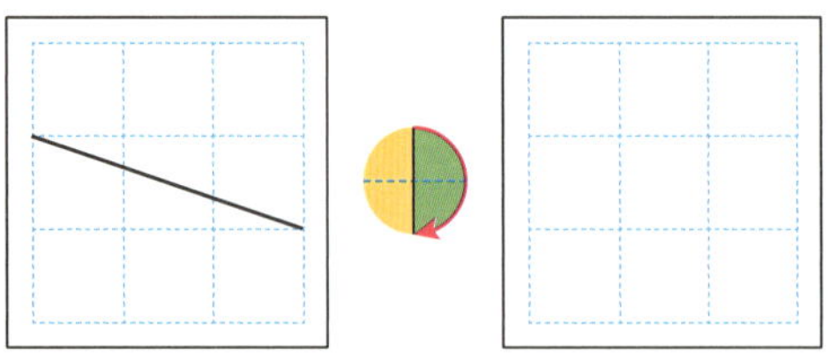 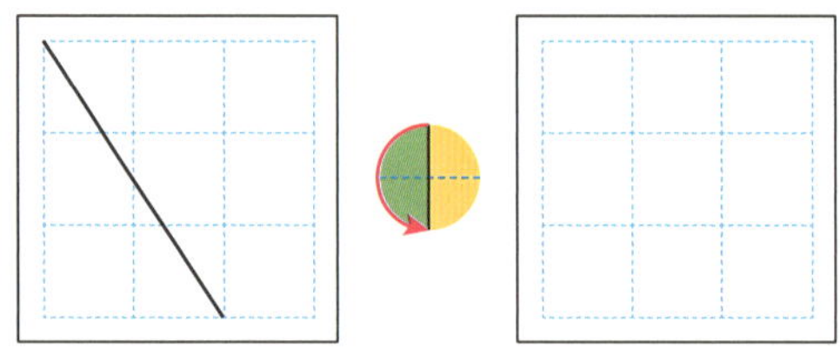

투명 종이를 시계 방향과 시계 반대 방향으로 각각 180°만큼 돌렸을 때의 선을 그려 보세요.

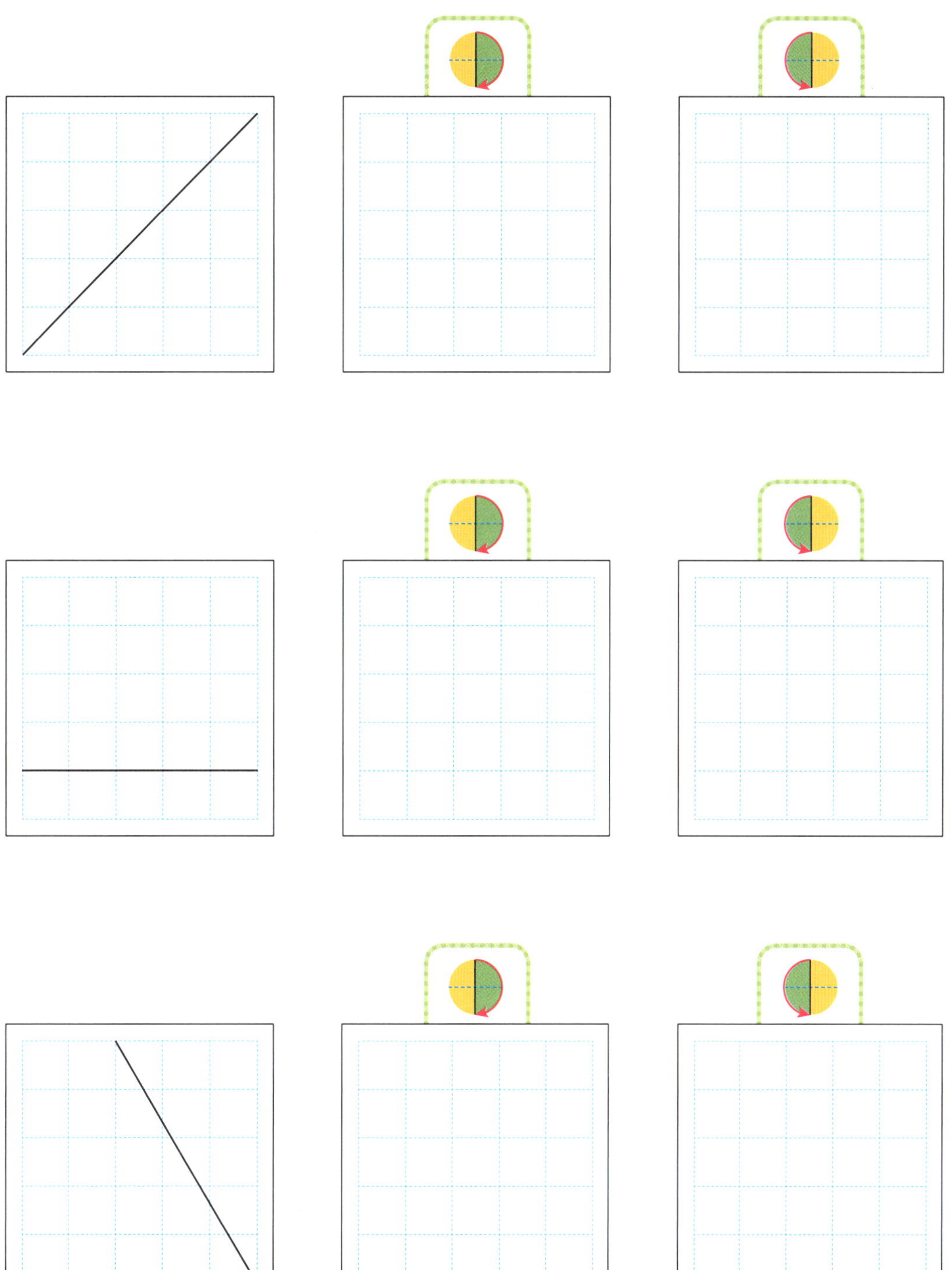

시계 방향으로 180° 돌린 도형과 시계 반대 방향으로 180° 돌린 도형은 방향이 서로 같습니다.

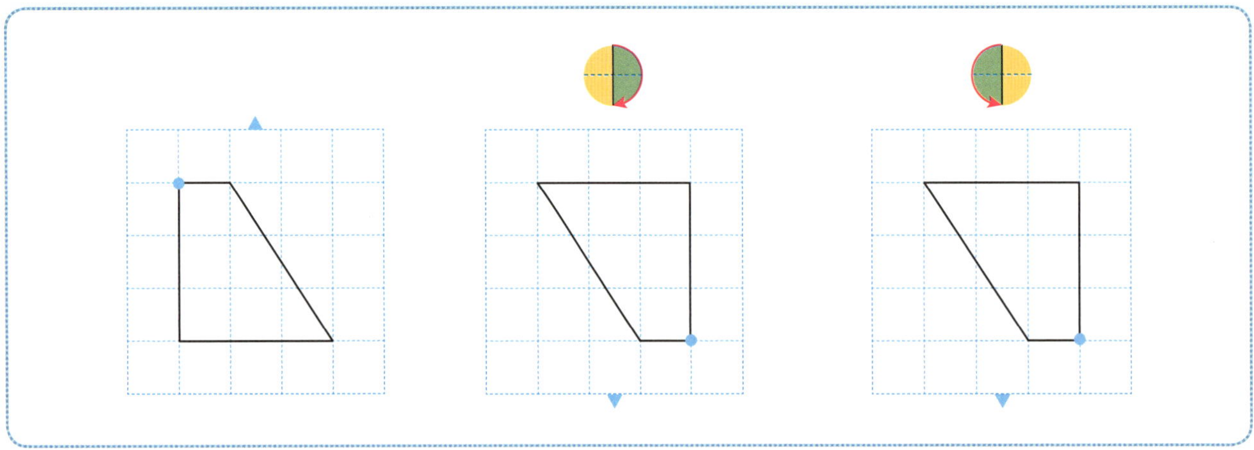

💠 도형을 시계 방향 또는 시계 반대 방향으로 180°만큼 돌렸을 때의 도형을 그려 보세요.

시계 방향으로 180° 돌리기

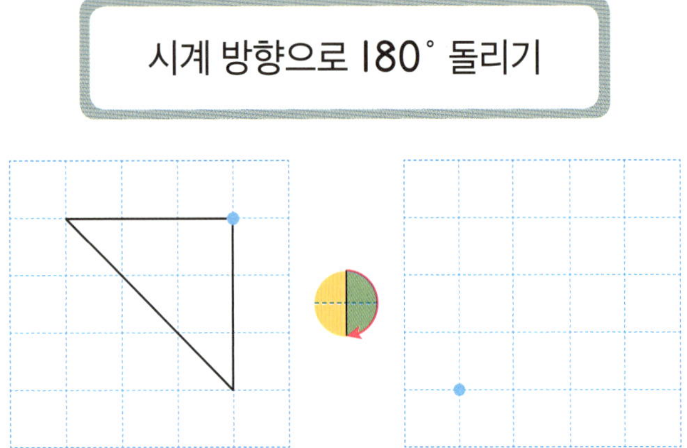

시계 반대 방향으로 180° 돌리기

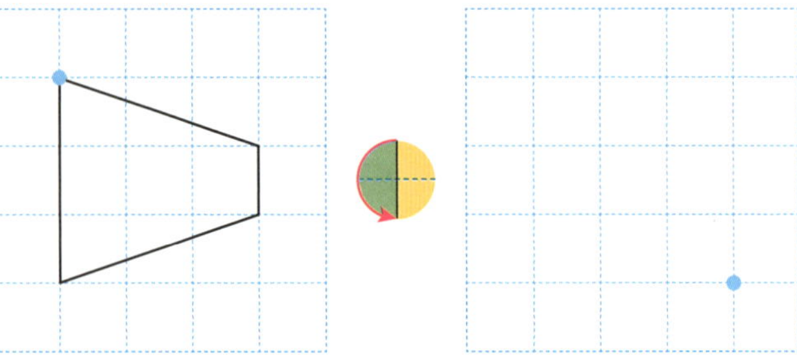

❁ 도형을 시계 방향과 시계 반대 방향으로 각각 180°만큼 돌렸을 때의 도형을 그려 보세요.

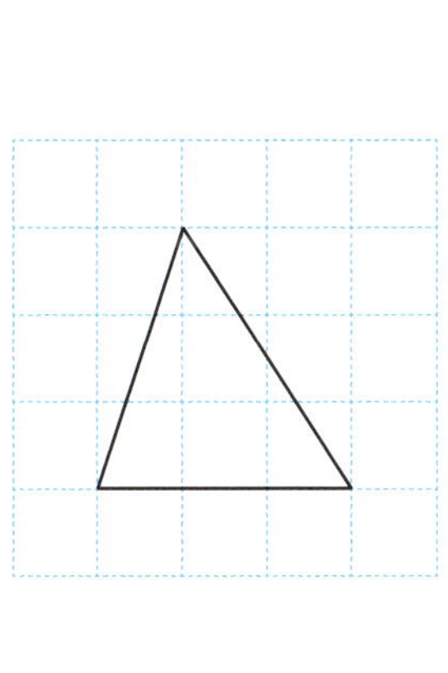 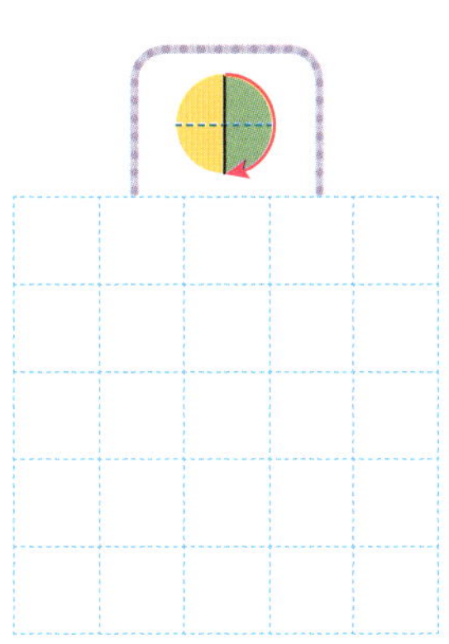 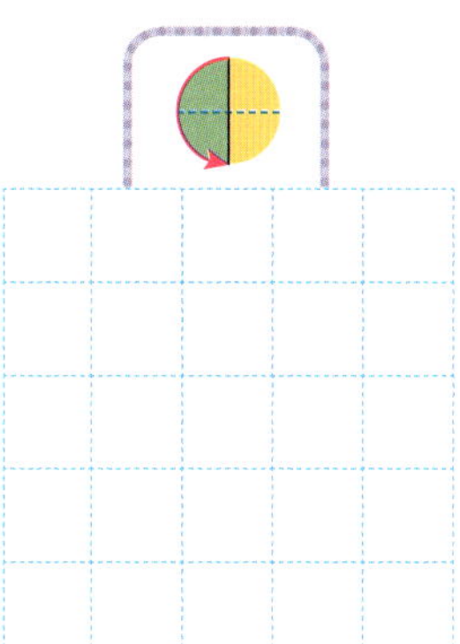

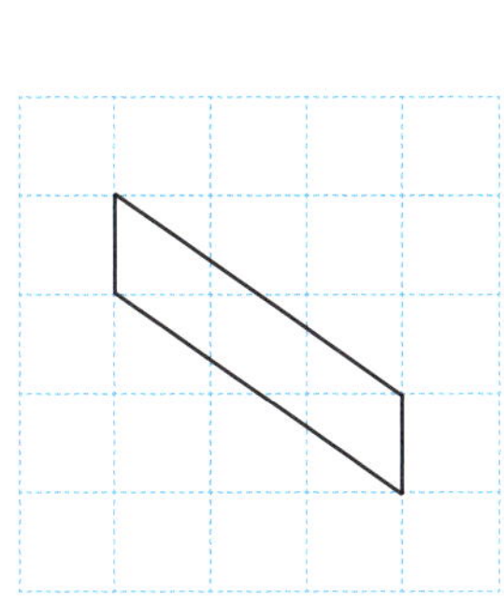 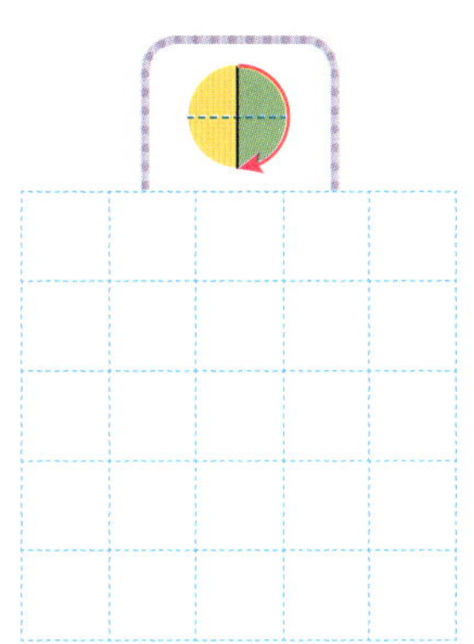 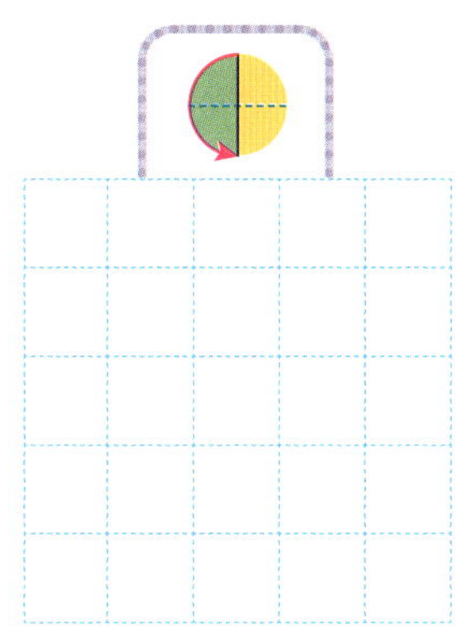

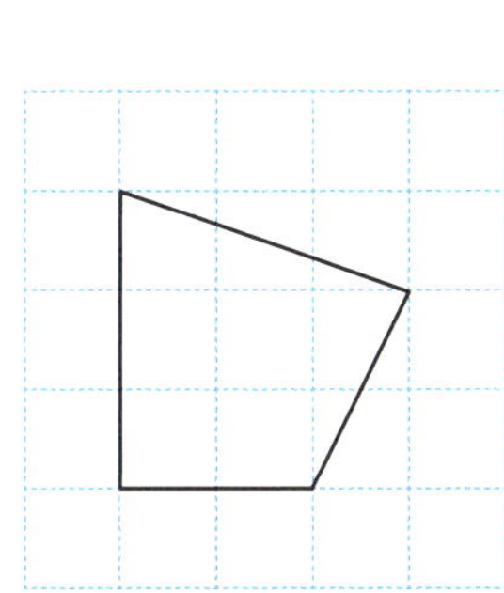 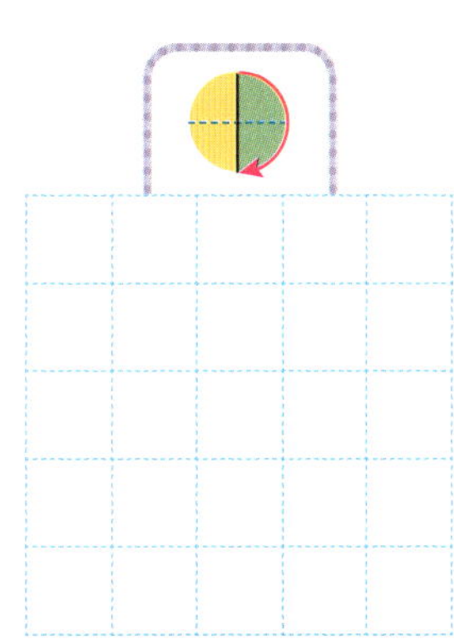 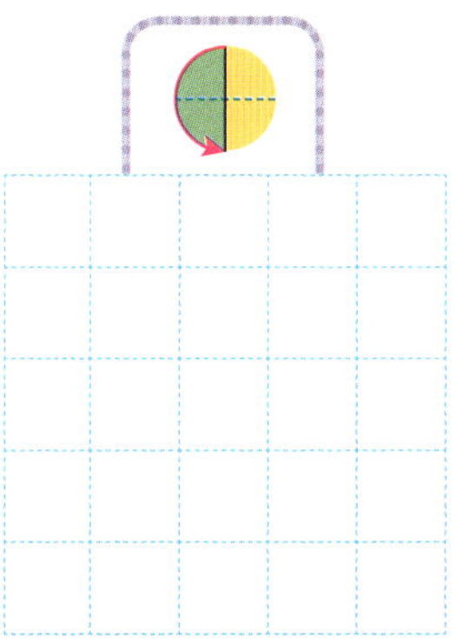

조각을 시계 방향과 시계 반대 방향으로 각각 180°만큼 돌렸을 때의 모양을 그려 보세요.

 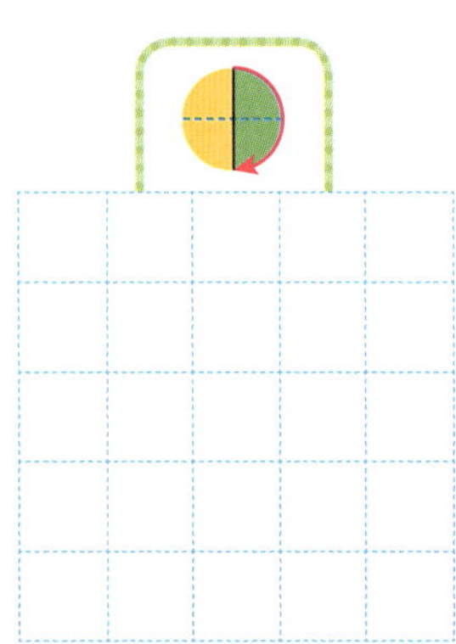 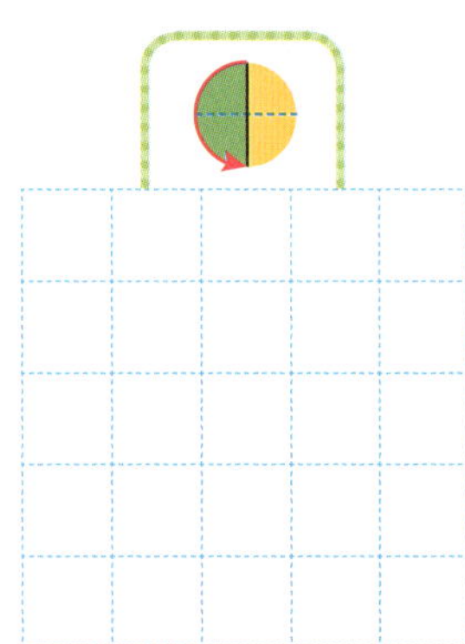

 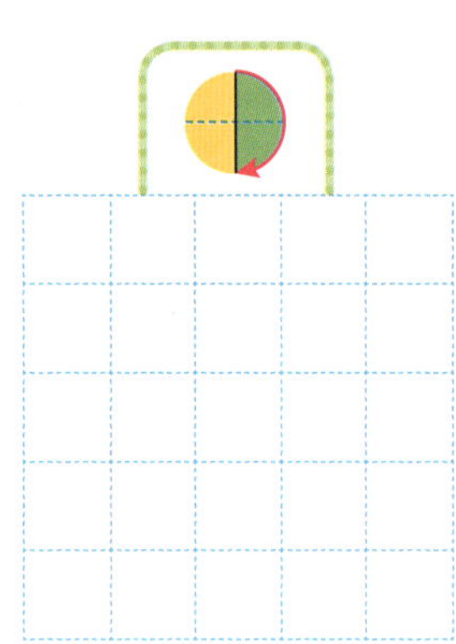 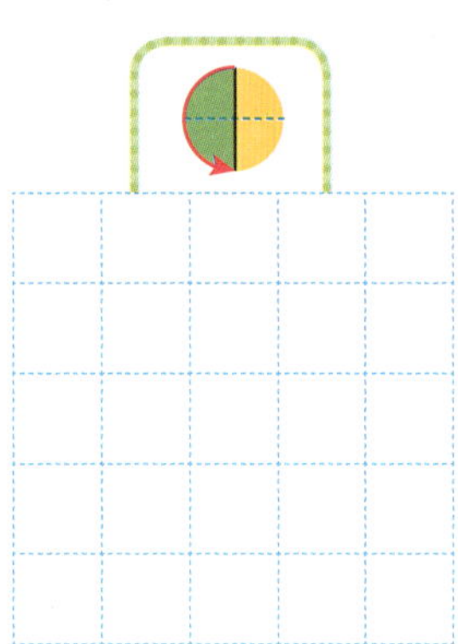

 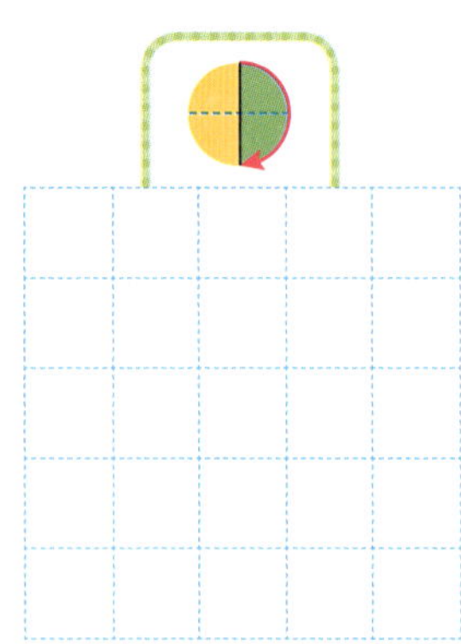 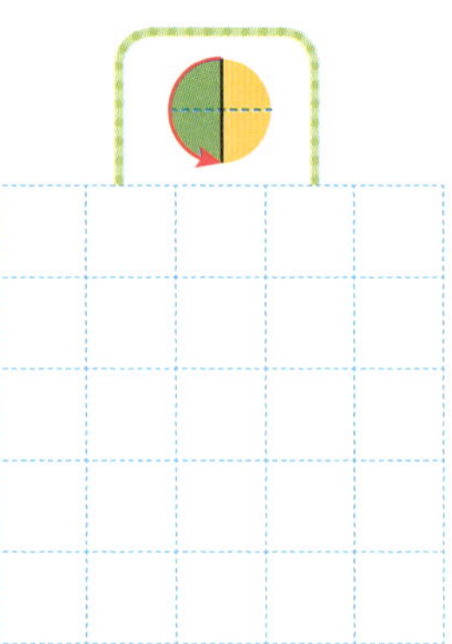

✿ 조각을 시계 방향으로 180°만큼 돌렸을 때의 모양끼리 짝지어 묶어 보세요.

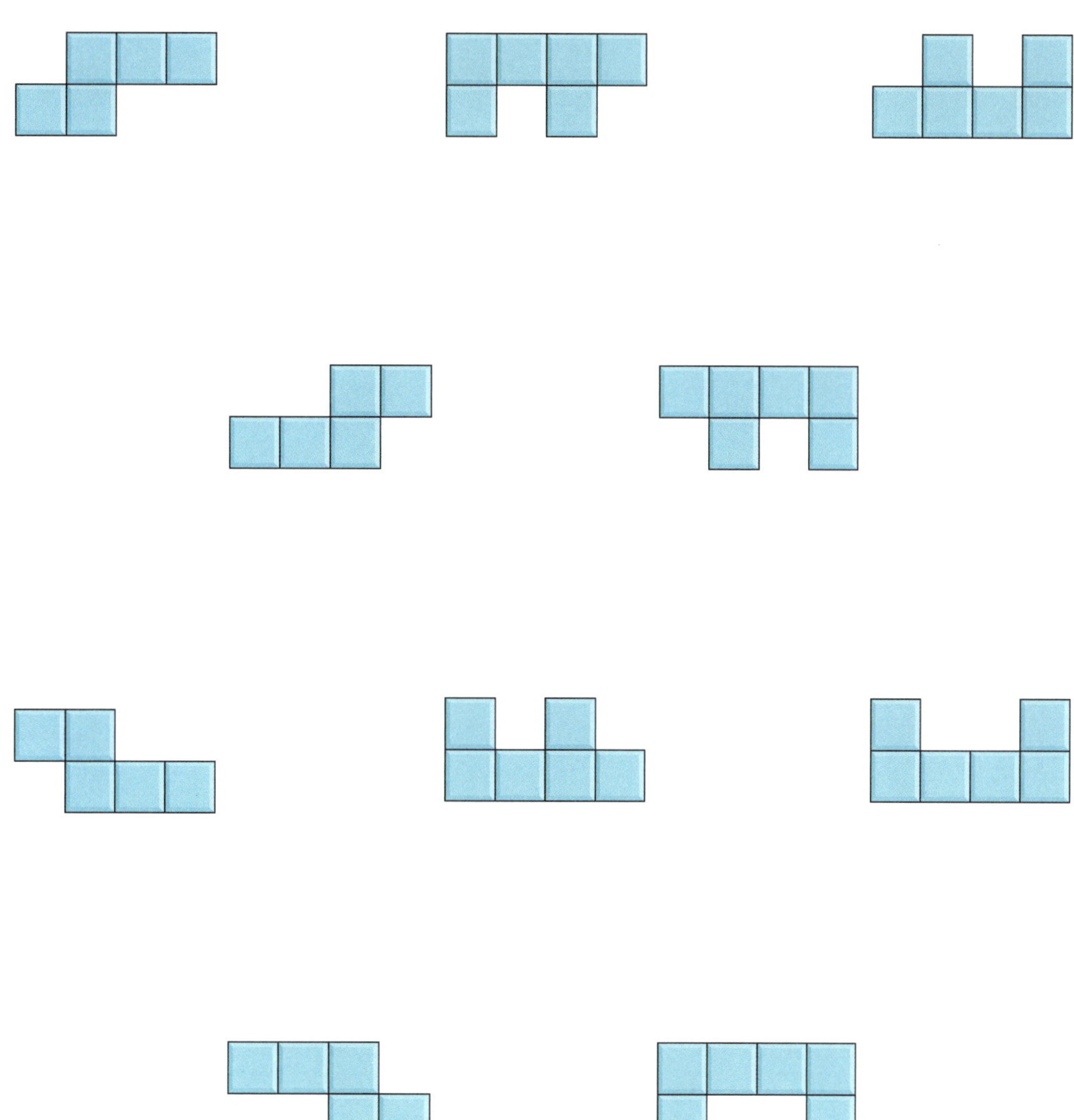

◈ 무늬를 주어진 방법으로 돌렸을 때의 무늬를 찾아 이어 보세요.

 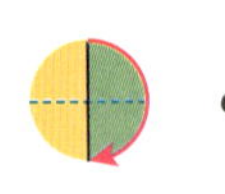 •   • 

 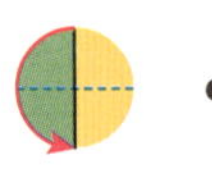 •   • 

 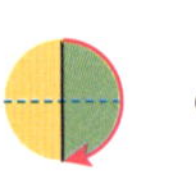 •   • 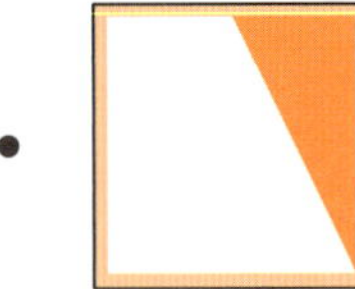

 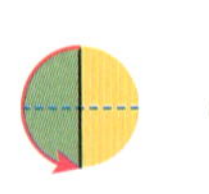 •   • 

 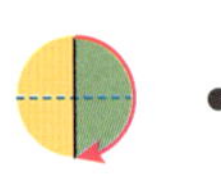 •   • 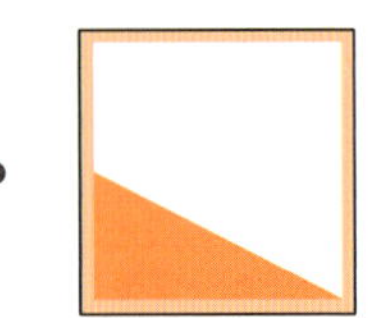

❖ 주어진 무늬 중 하나를 골라 처음 무늬에 그려 보세요.

처음 무늬를 시계 방향 또는 시계 반대 방향으로 180°만큼 돌린 모양을 그려 보세요.

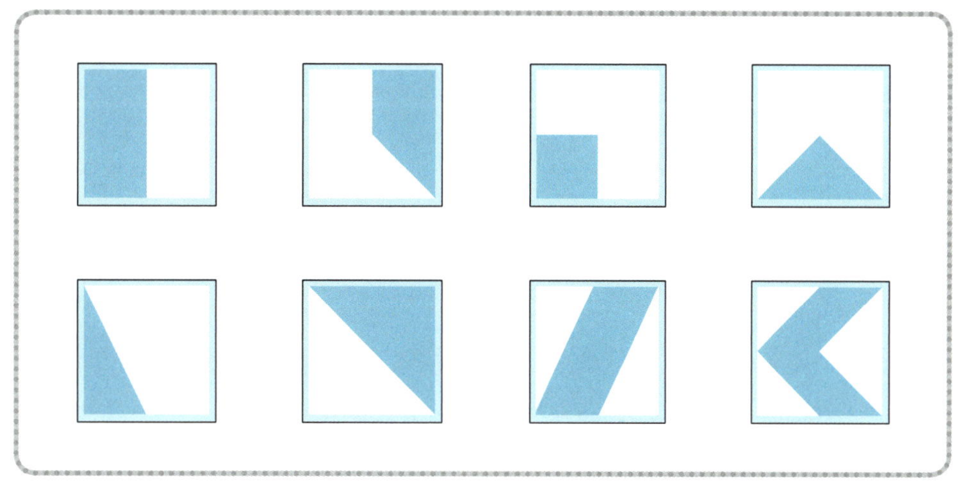

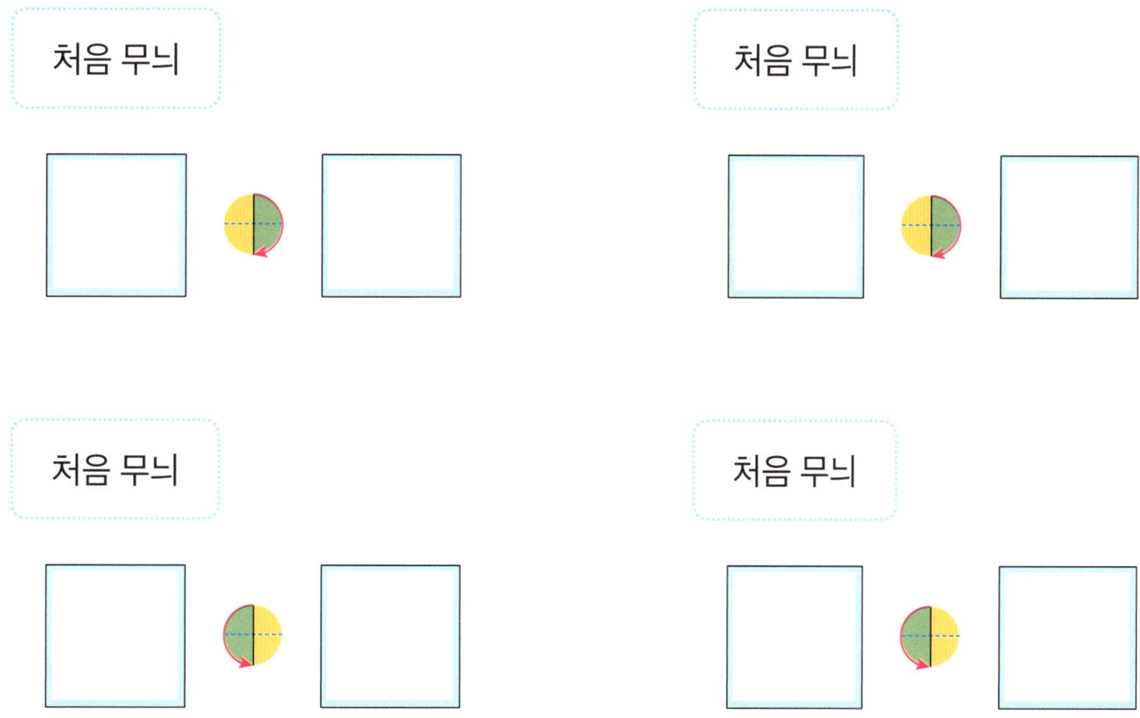

돌리기 전

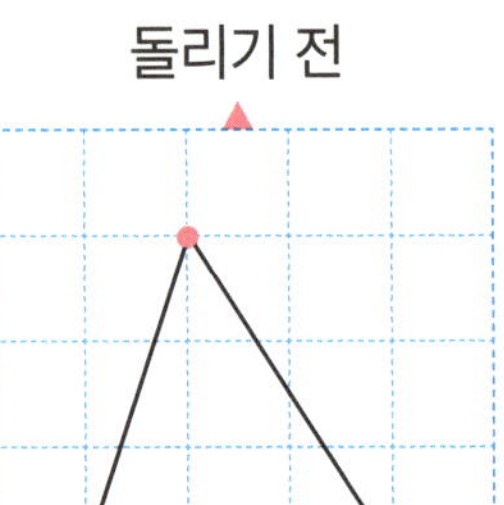

돌린 후

시계 방향으로
270° 돌리기

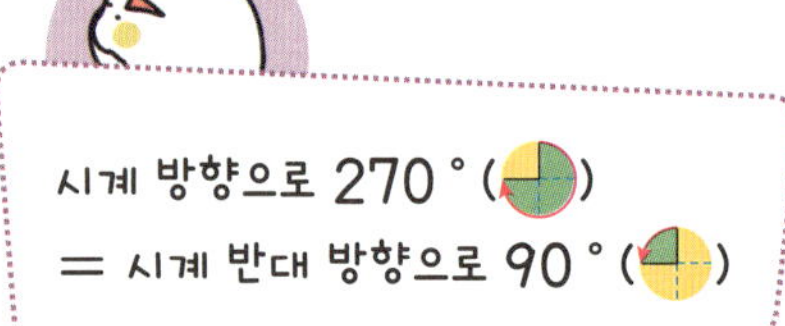

   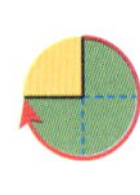  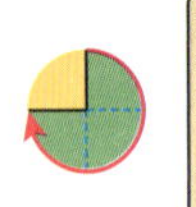   

돌리기 전

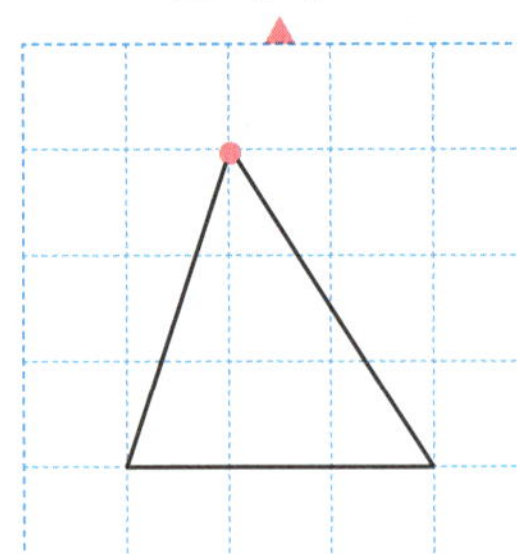

돌린 후

시계 반대 방향으로
270° 돌리기

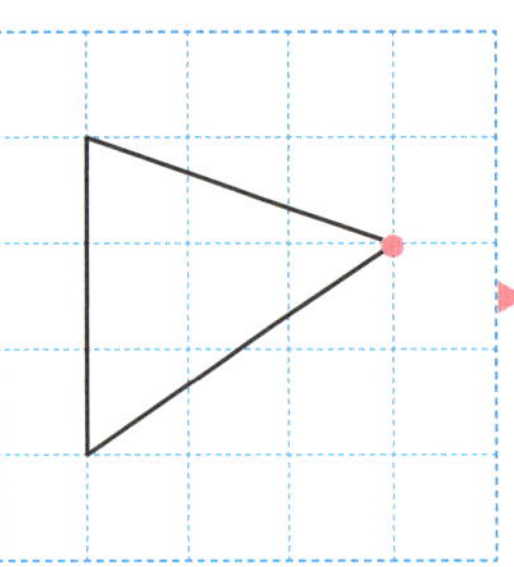 

 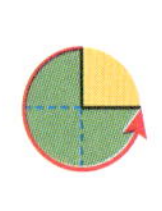  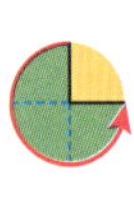  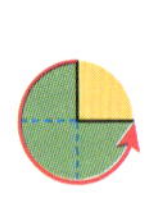  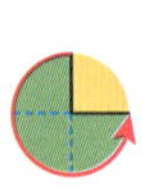 

 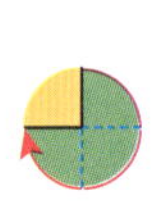     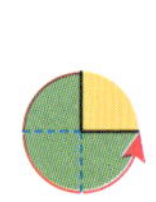 

270˚ 돌리기

● 투명 종이를 시계 방향 또는 시계 반대 방향으로 270°만큼 돌렸을 때의 점을 그려 보세요.

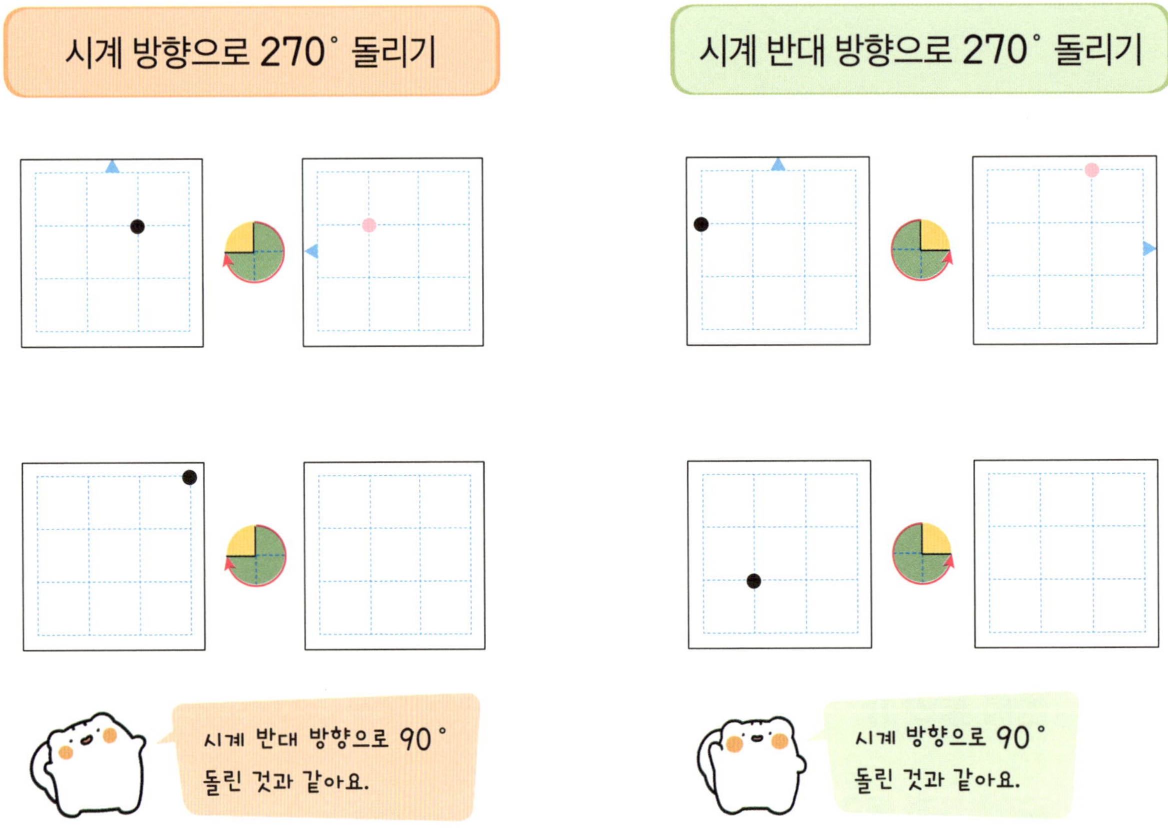

투명 종이를 시계 방향과 시계 반대 방향으로 각각 270˚만큼 돌렸을 때의 점을 그려 보세요.

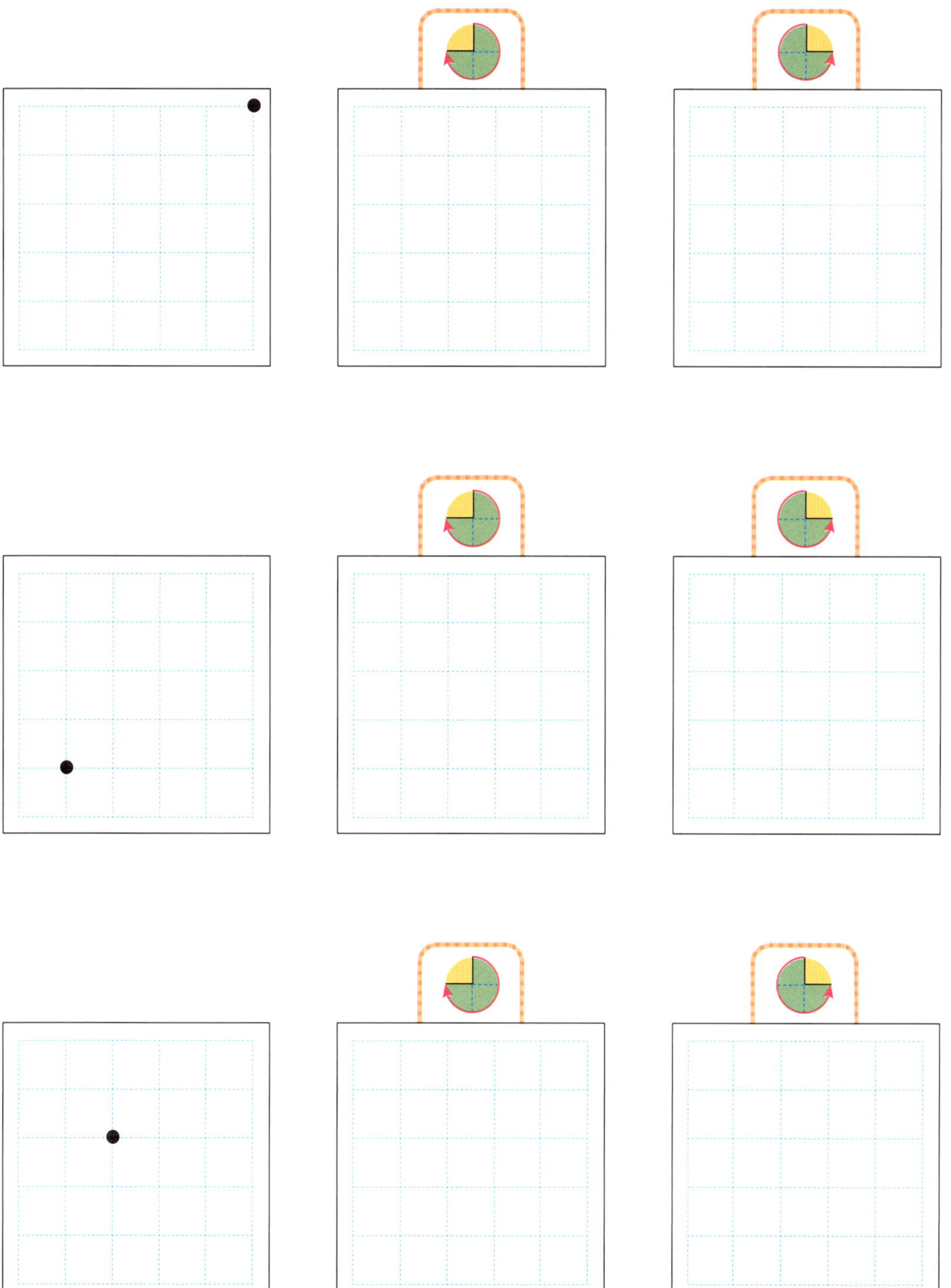

◎ 투명 종이를 시계 방향 또는 시계 반대 방향으로 270°만큼 돌렸을 때의 선을 그려 보세요.

시계 방향으로 270° 돌리기	시계 반대 방향으로 270° 돌리기

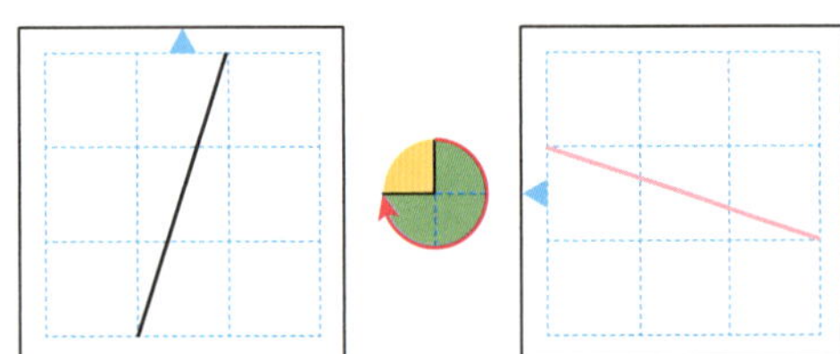
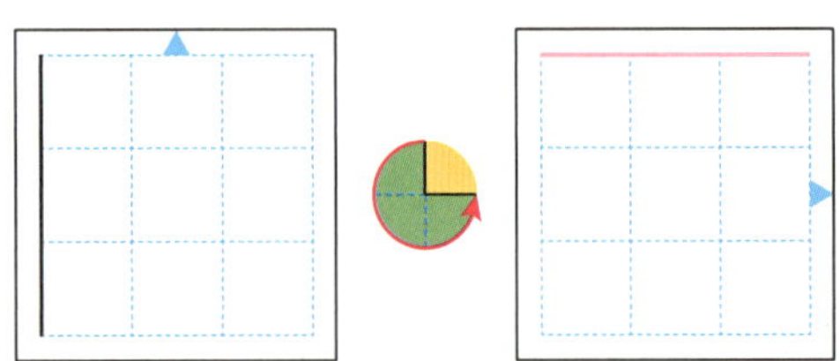

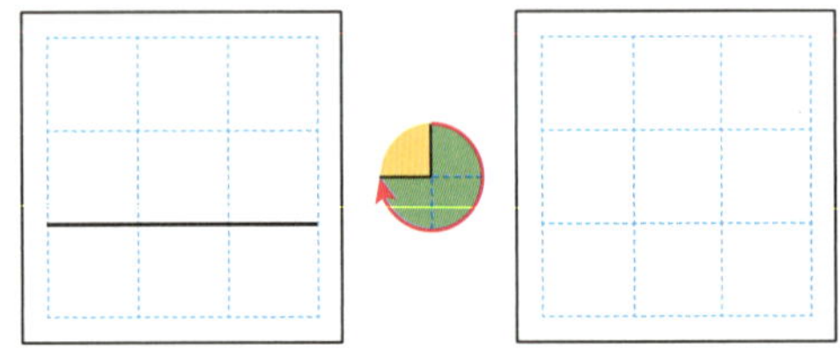
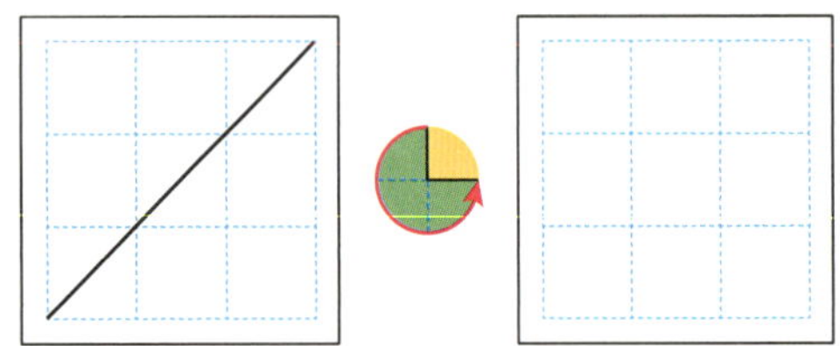

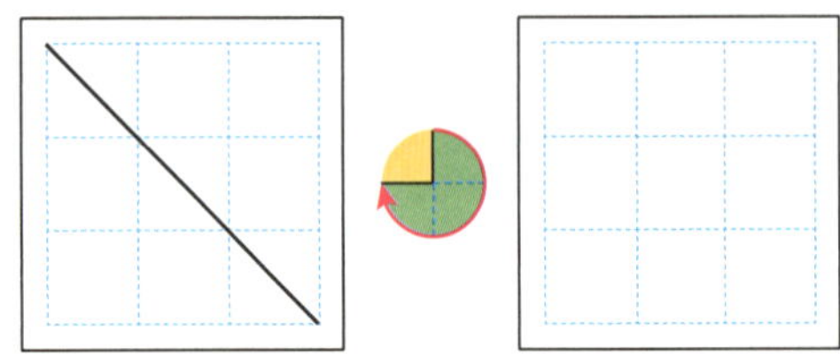
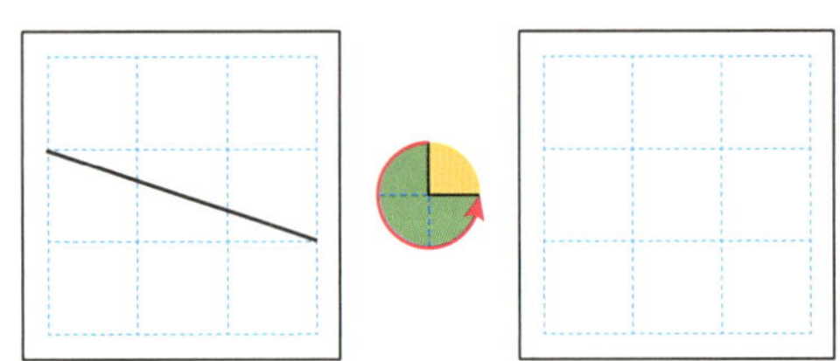

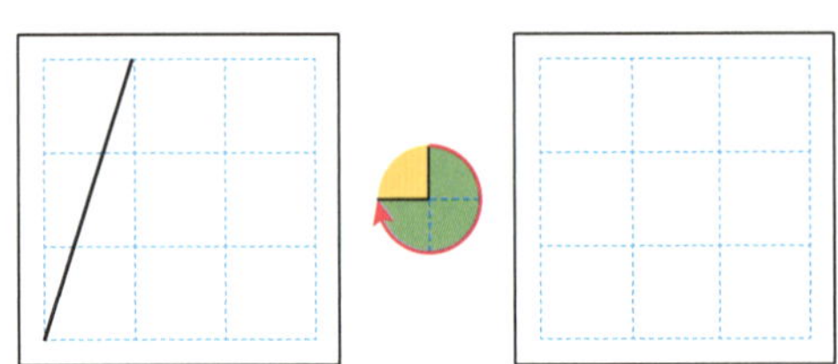
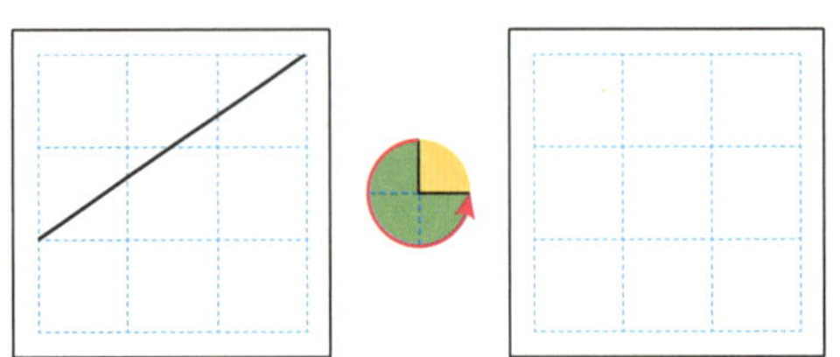

❋ 투명 종이를 시계 방향과 시계 반대 방향으로 각각 270˚만큼 돌렸을 때의 선을 그려 보세요.

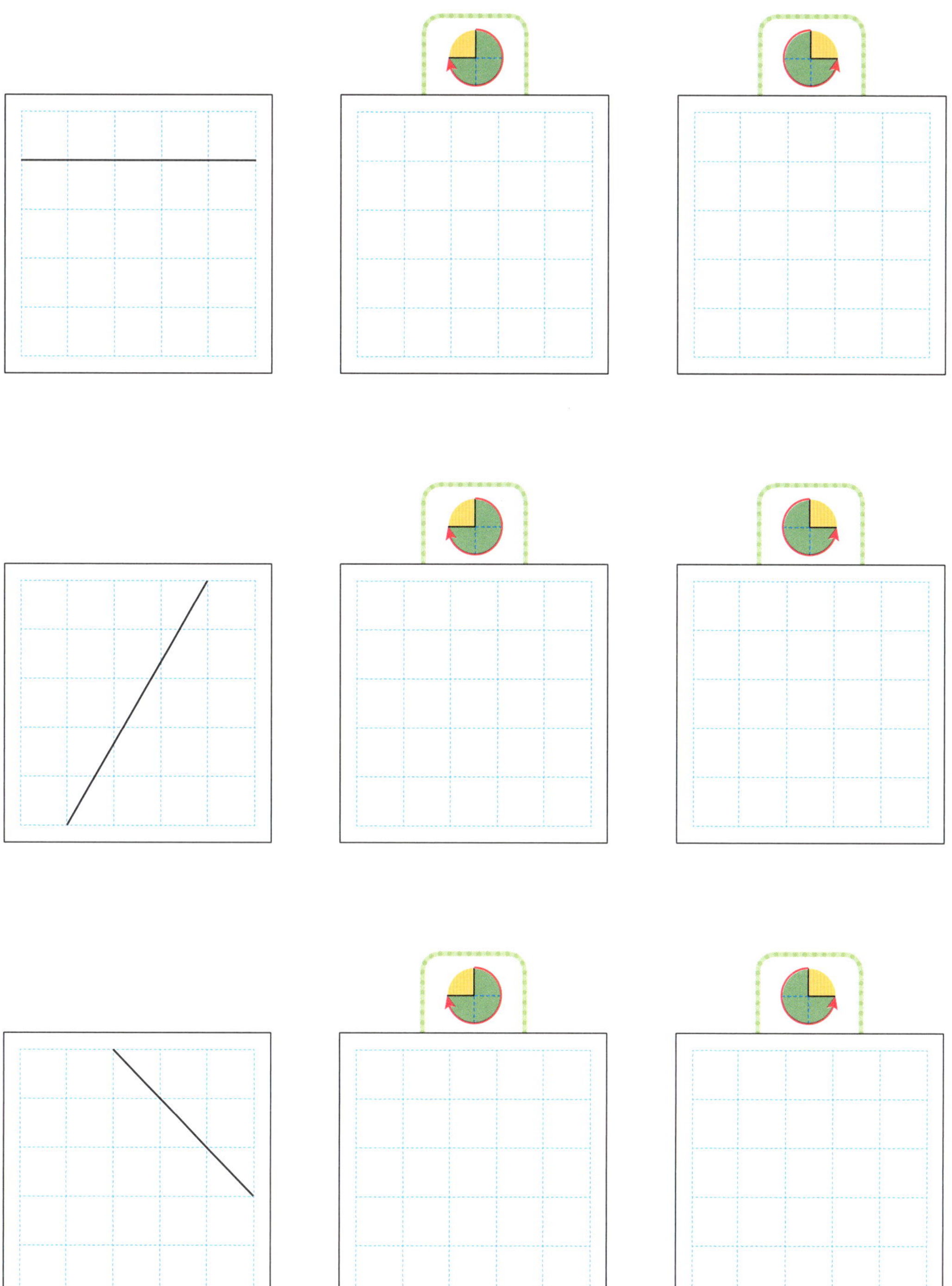

270˚ 돌린 도형을 그릴 때는 반대 방향으로 90˚ 돌린 도형을 그립니다.

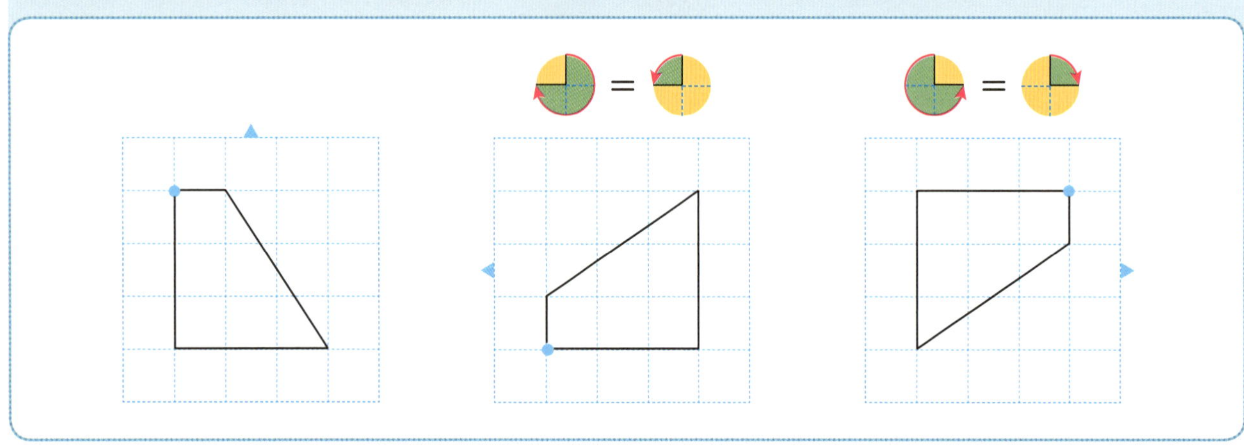

❂ 도형을 시계 방향 또는 시계 반대 방향으로 270˚만큼 돌렸을 때의 도형을 그려 보세요.

시계 방향으로 270˚ 돌리기

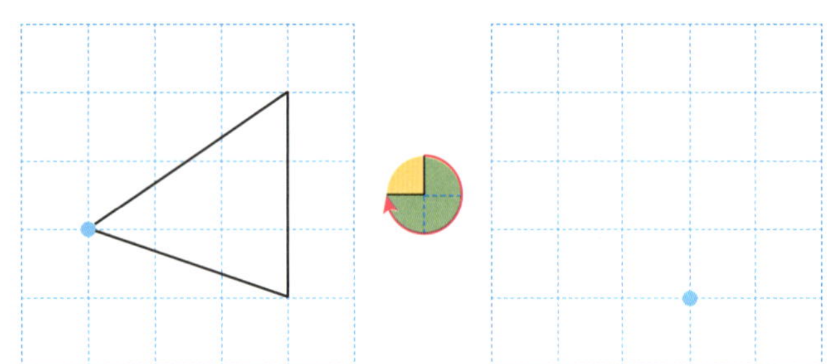

시계 반대 방향으로 270˚ 돌리기

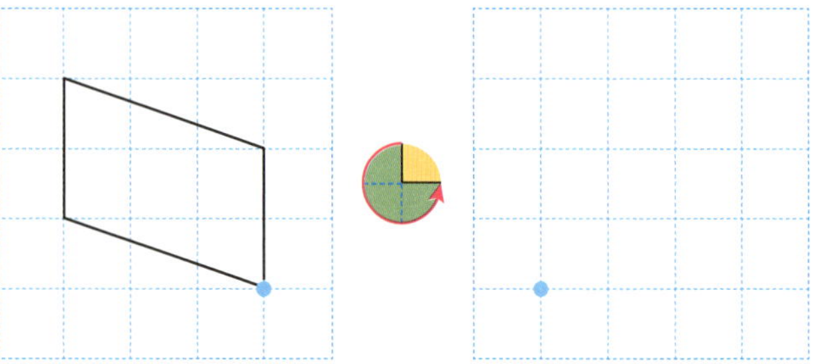

도형을 시계 방향과 시계 반대 방향으로 각각 270˚만큼 돌렸을 때의 도형을 그려 보세요.

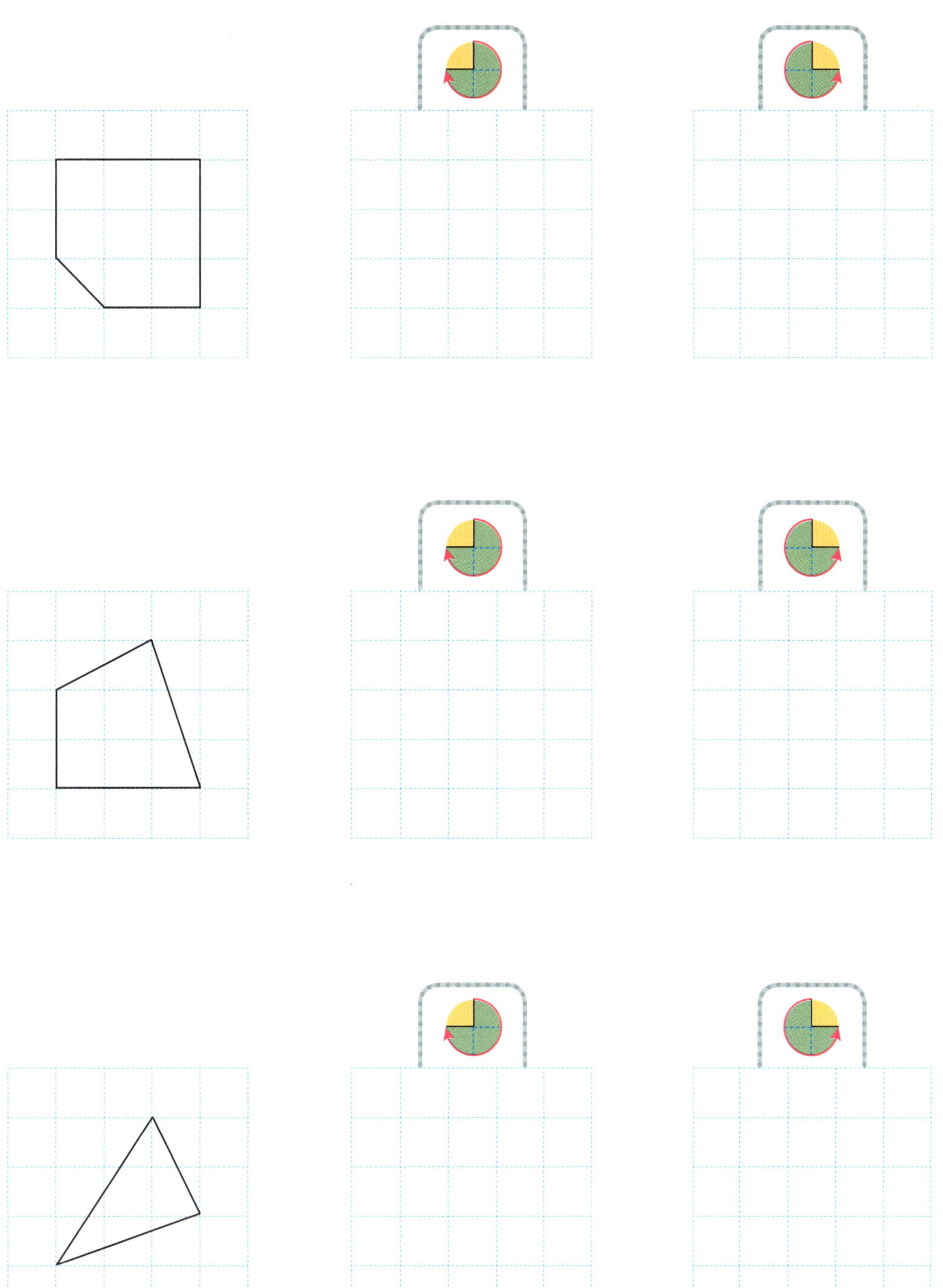

● 조각을 시계 방향과 시계 반대 방향으로 각각 270˚만큼 돌렸을 때의 모양을 그려 보세요.

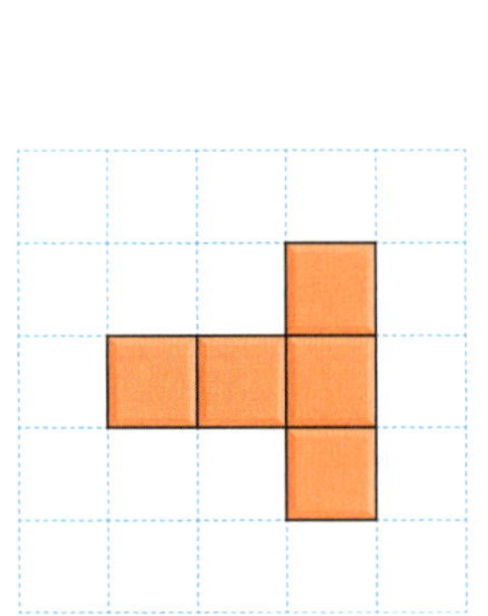 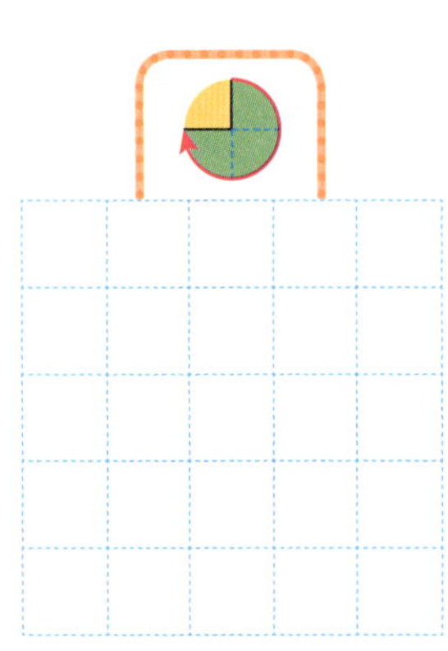 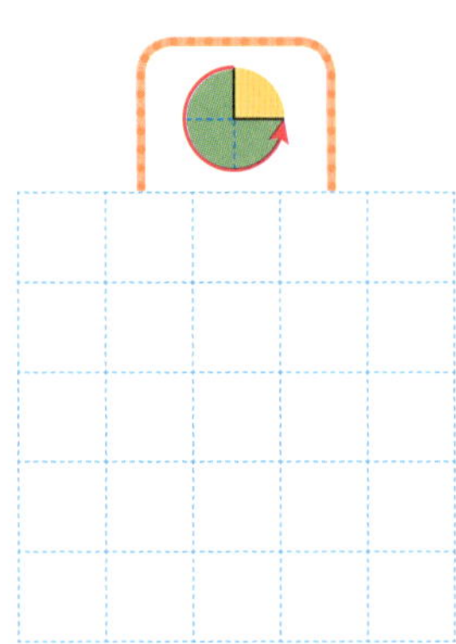

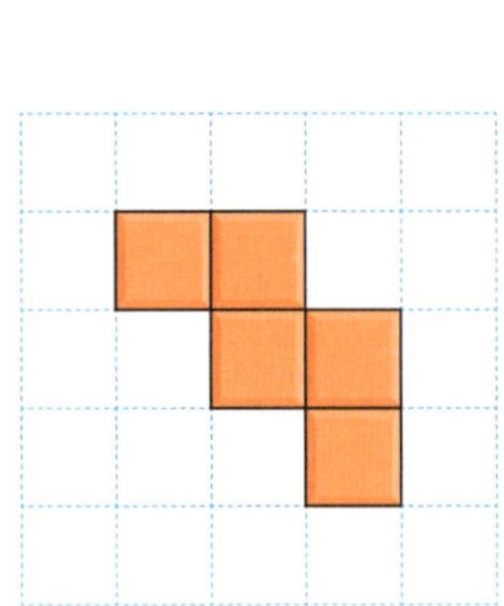 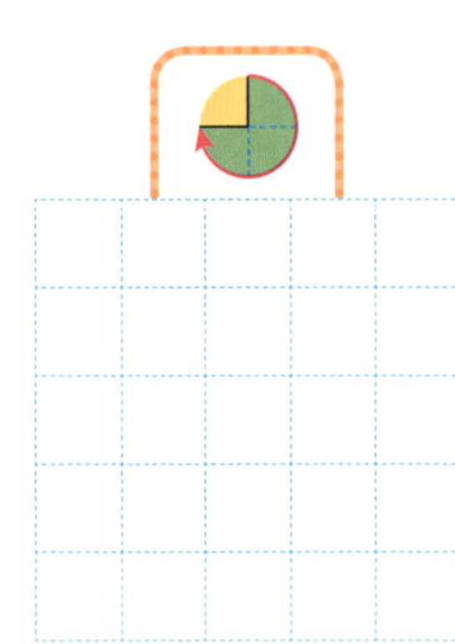 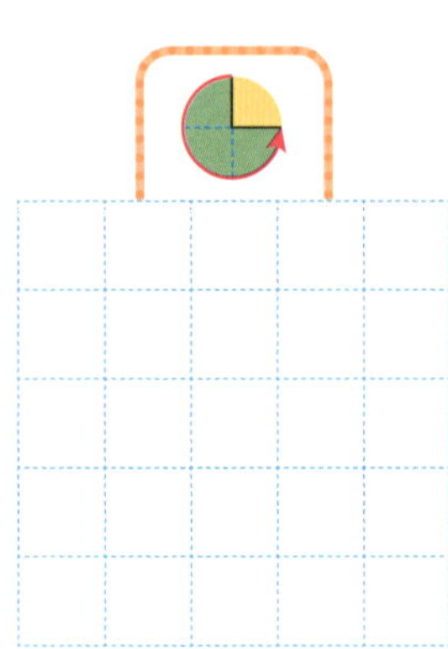

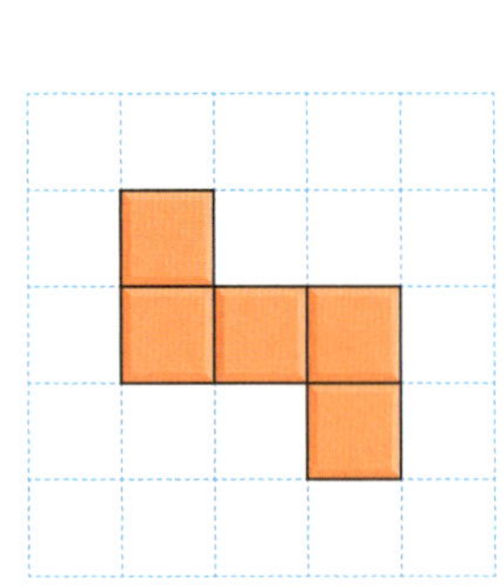 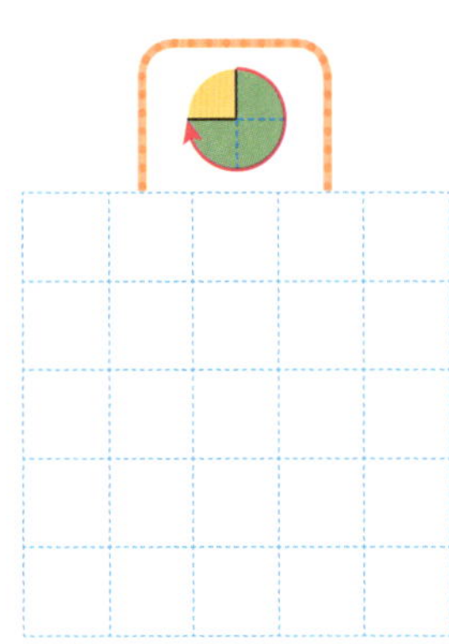 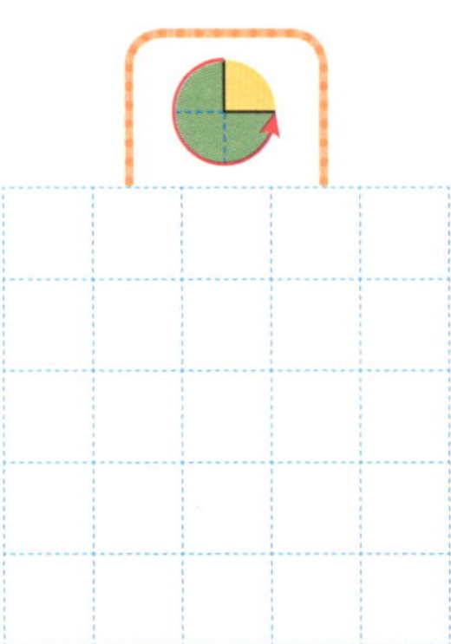

✿ 조각을 시계 방향 또는 시계 반대 방향으로 270°만큼 돌린 모양을 찾아 번호를 써 보세요.

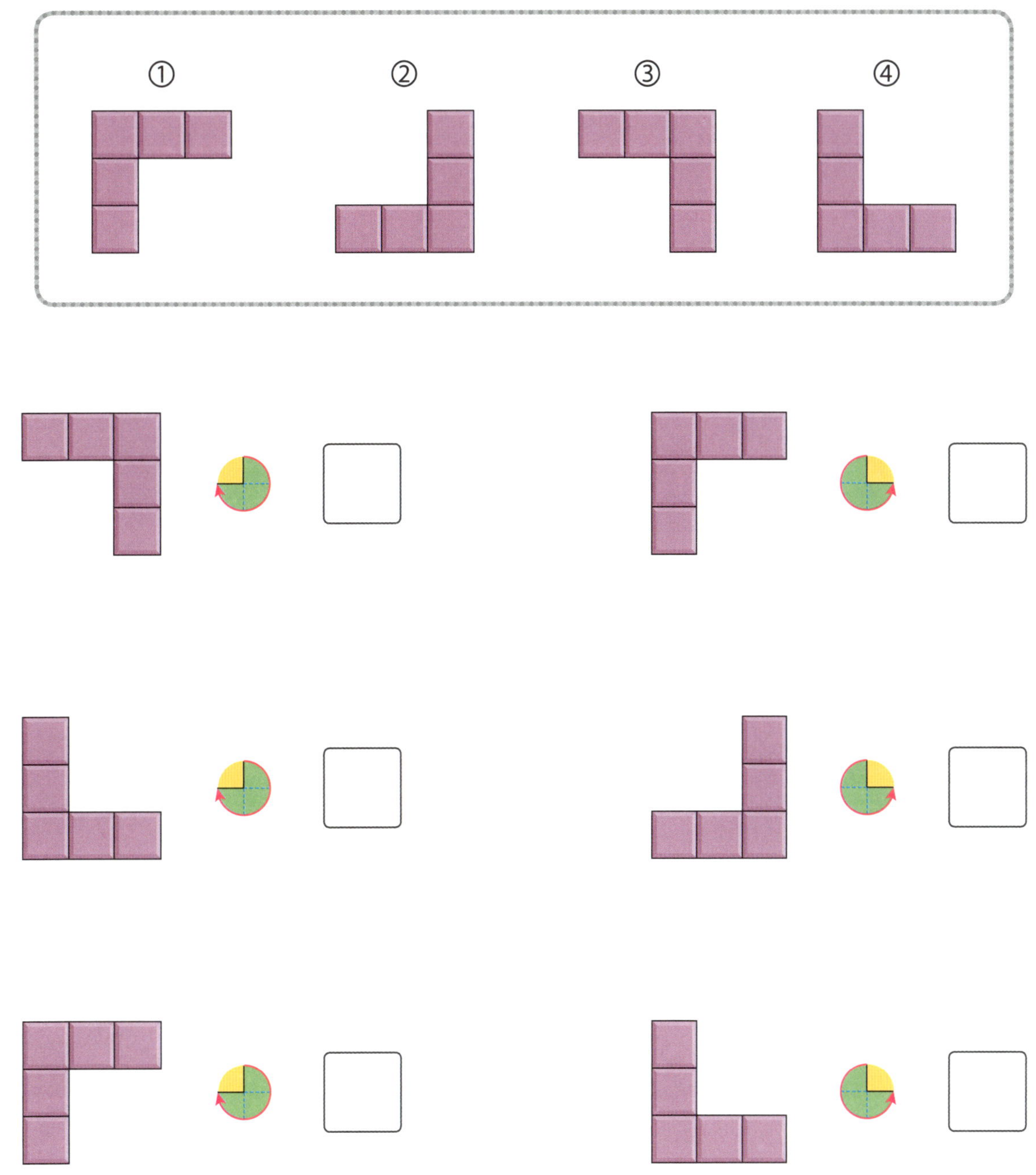

◉ 모양을 주어진 방법으로 돌렸을 때의 모양을 찾아 이어 보세요.

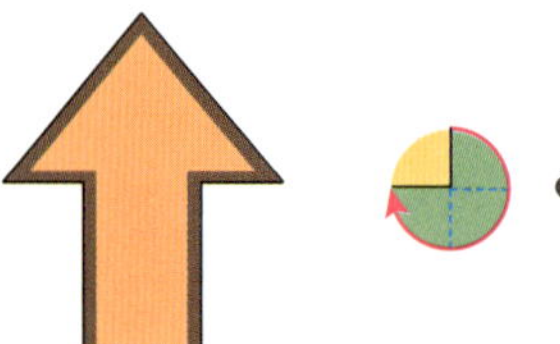 · · 

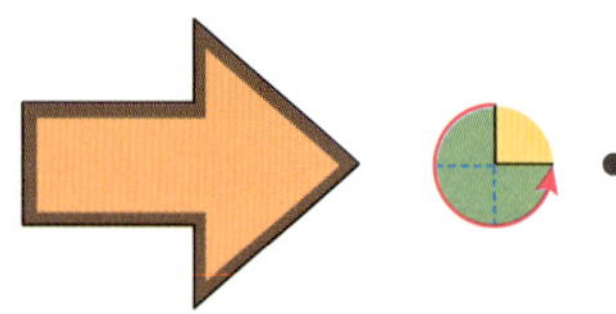 · · 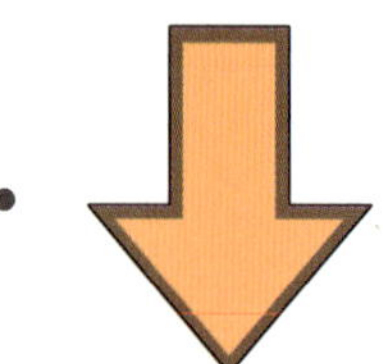

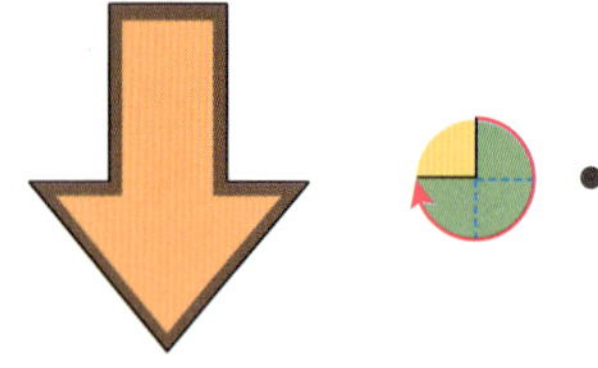 · · 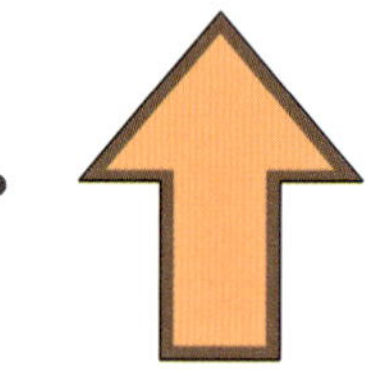

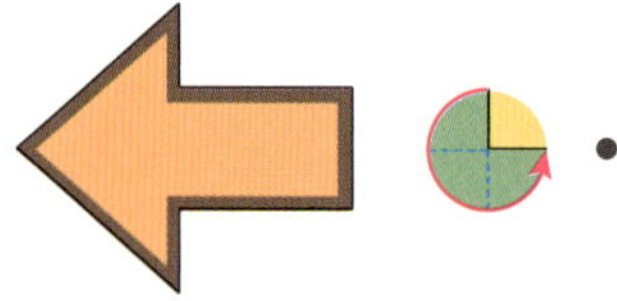 · · 

❀ 처음 모양을 돌리는 방향을 정하여 ◯표 하고, 돌렸을 때의 모양을 그려 보세요.

도형 돌리기

시계 방향으로 360° 돌리기

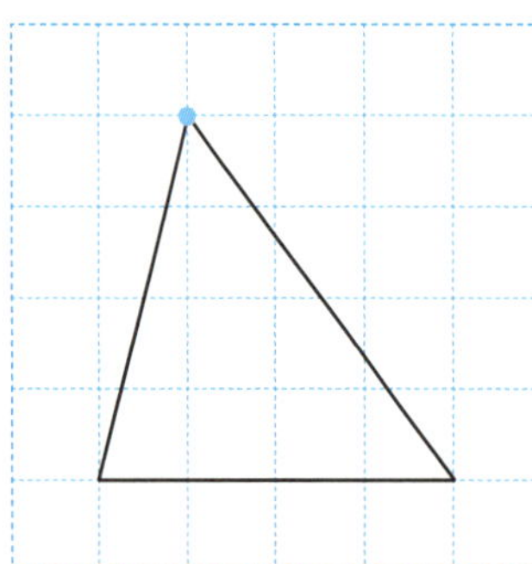

시계 방향으로 270° 돌리기

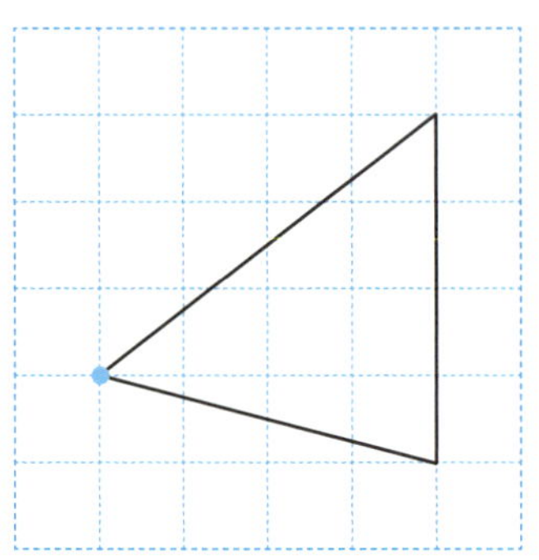

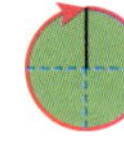

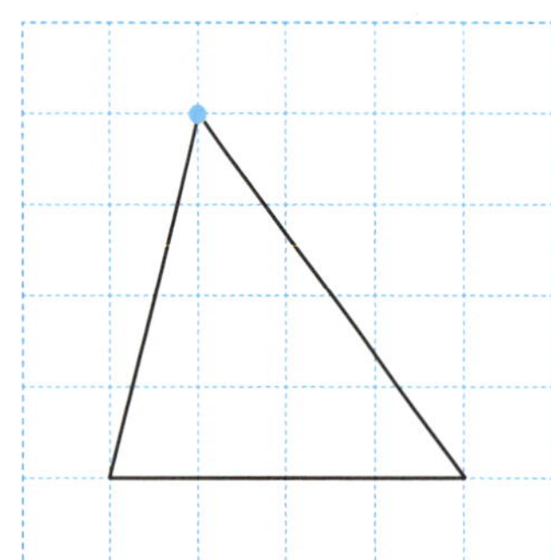

시계 방향으로 90° 돌리기

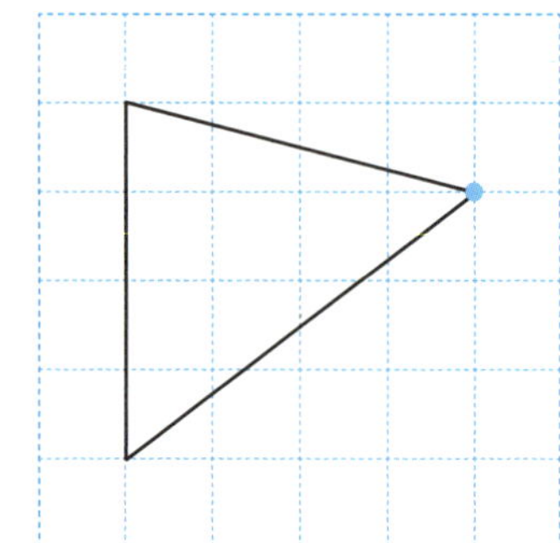

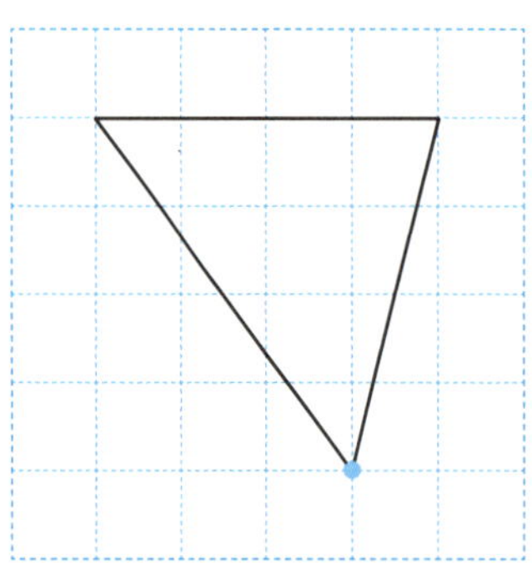

시계 방향으로 180° 돌리기

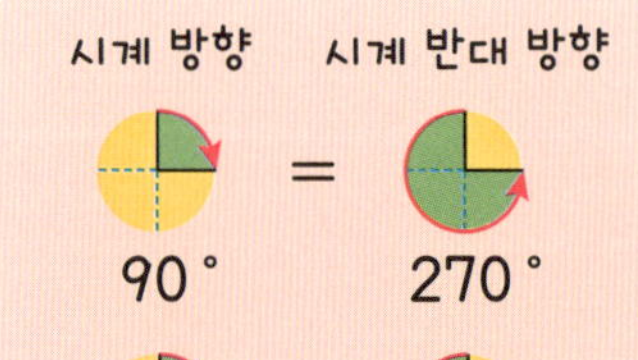

도형 돌리기 1

❈ 도형을 시계 방향으로 90˚, 180˚, 270˚, 360˚만큼 각각 돌렸을 때의 도형을 그려 보세요.

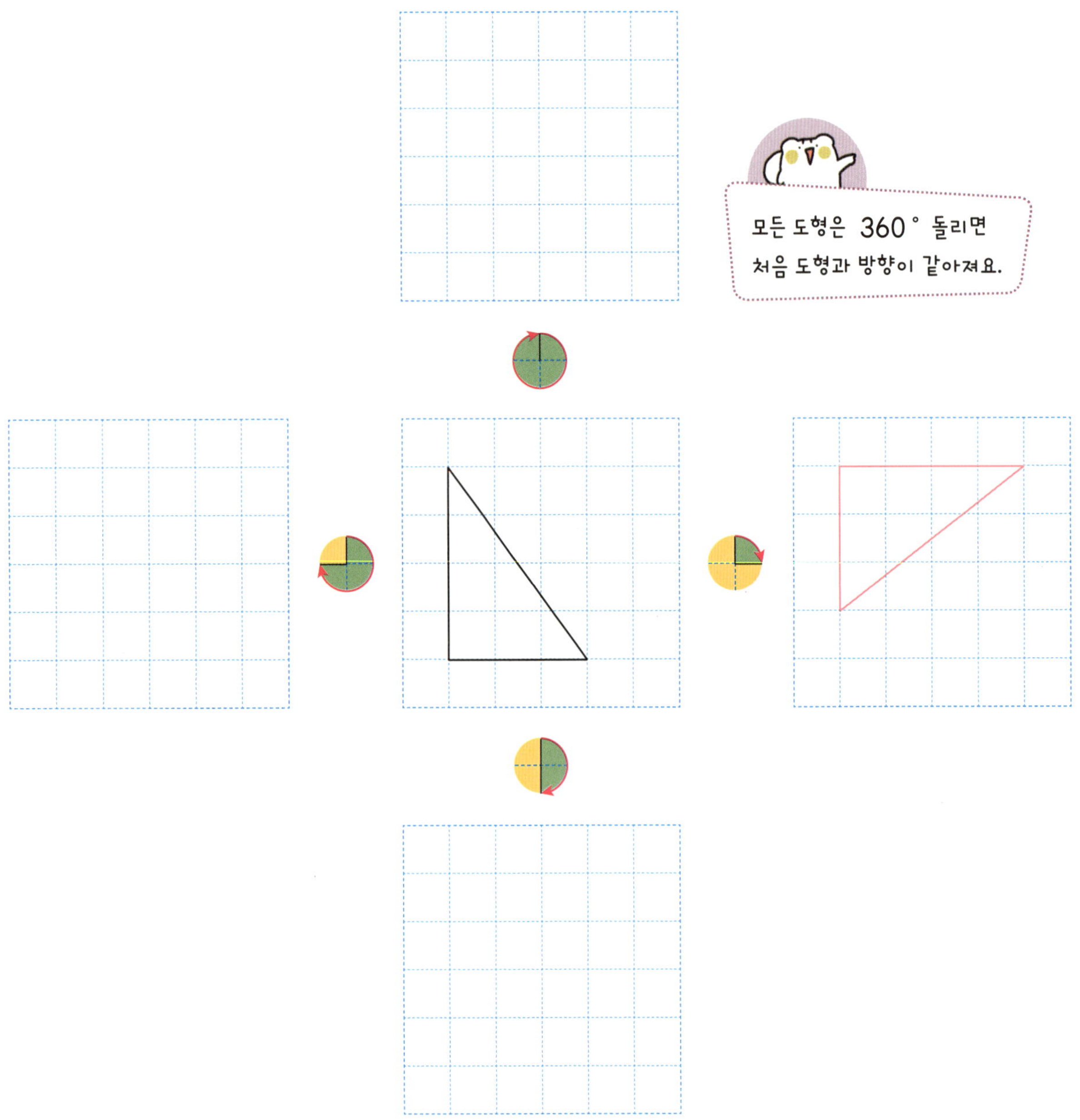

✿ 도형을 시계 반대 방향으로 90˚, 180˚, 270˚, 360˚만큼 각각 돌렸을 때의 도형을 그려
보세요.

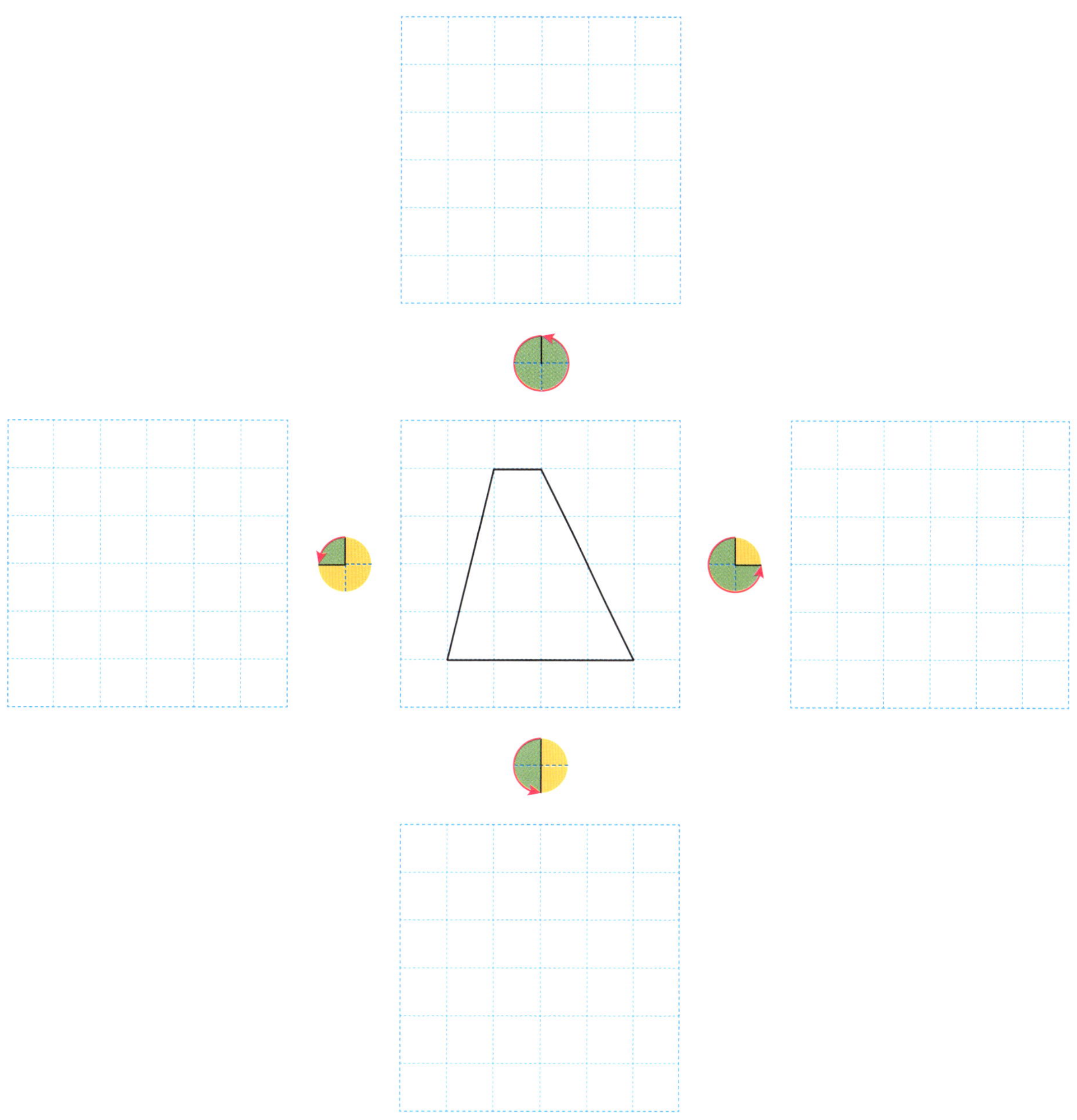

❂ 빈칸에 알맞은 도형의 번호를 써넣으세요.

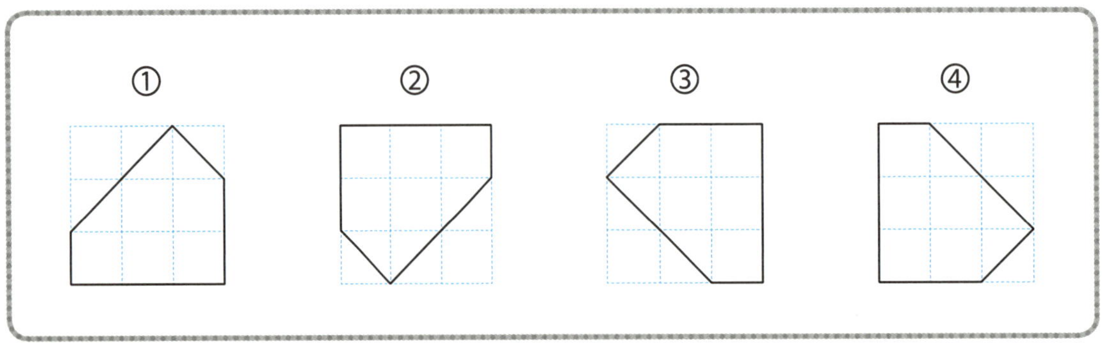

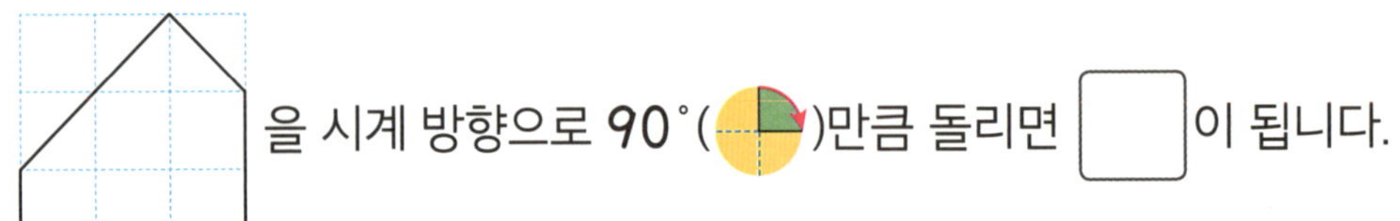

을 시계 방향으로 **90**˚( )만큼 돌리면 ☐ 이 됩니다.

을 시계 반대 방향으로 **180**˚( )만큼 돌리면 ☐ 이 됩니다.

을 시계 방향으로 **270**˚( )만큼 돌리면 ☐ 이 됩니다.

을 시계 반대 방향으로 **360**˚( )만큼 돌리면 ☐ 이 됩니다.

✿ 주어진 도형을 돌렸을 때의 도형을 찾아 모두 ◯표 하세요.

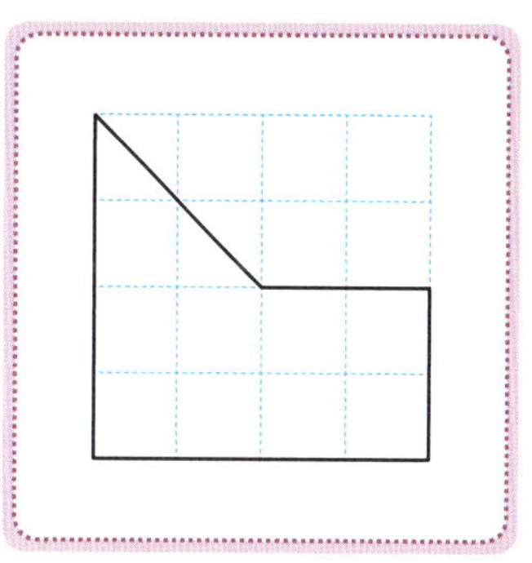

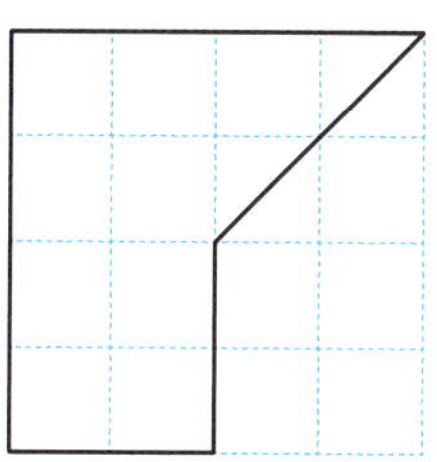 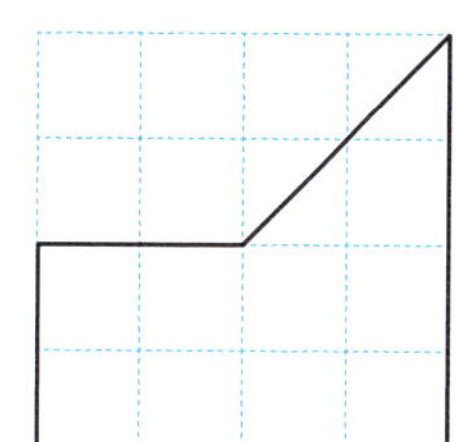 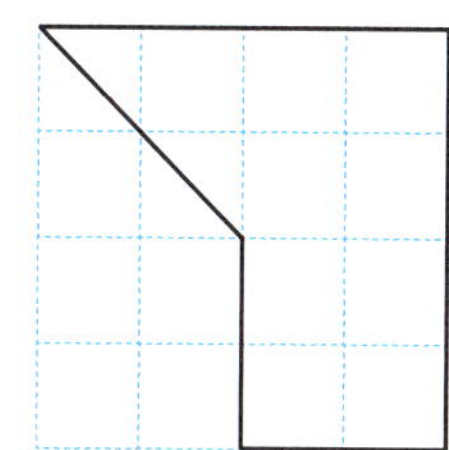

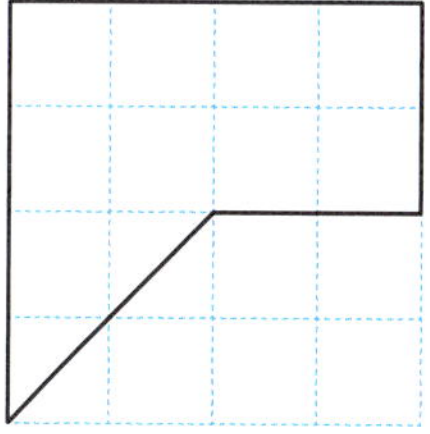 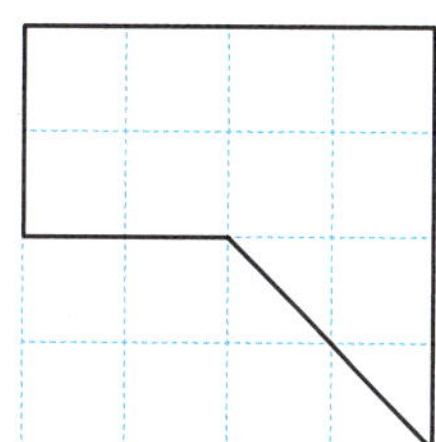 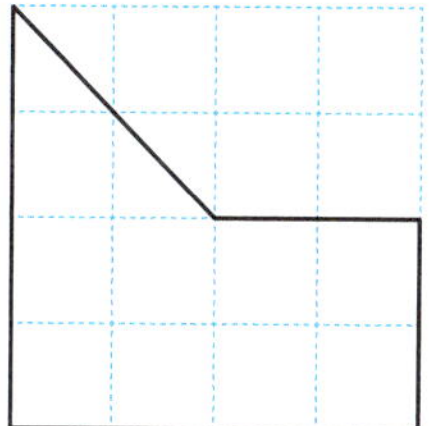

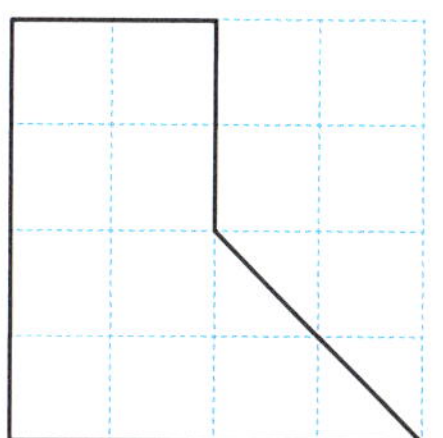 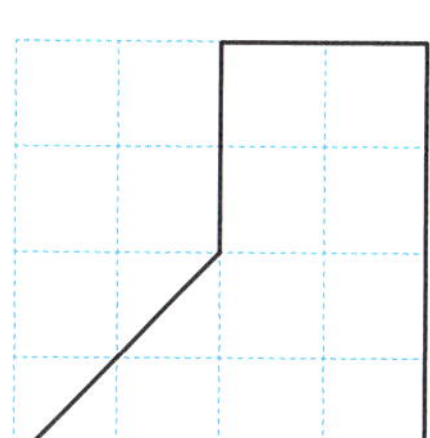 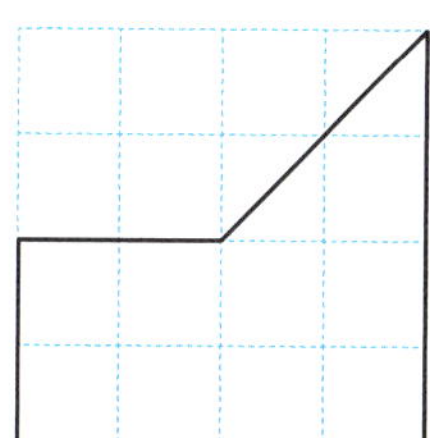

같은 방향으로 90°씩 4번 돌리면 처음 도형과 방향이 같아집니다.

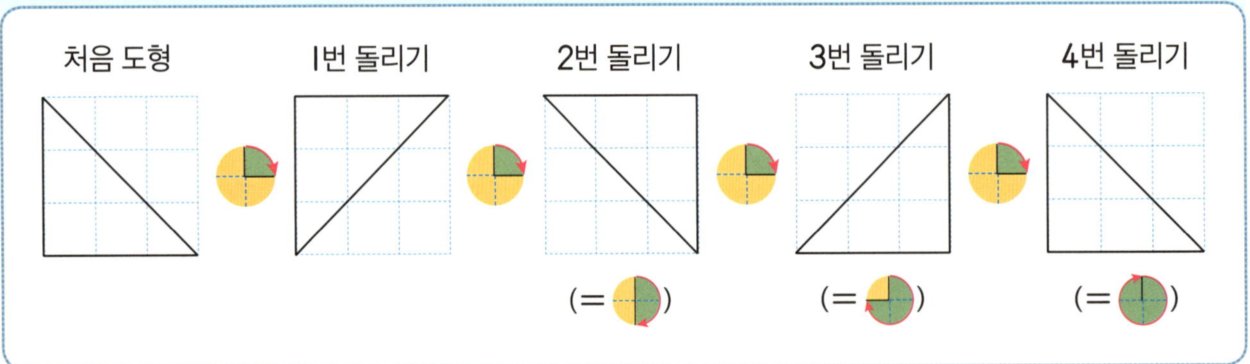

❄ 도형을 시계 방향 또는 시계 반대 방향으로 90°씩 계속 돌렸을 때의 도형을 그려 보세요.

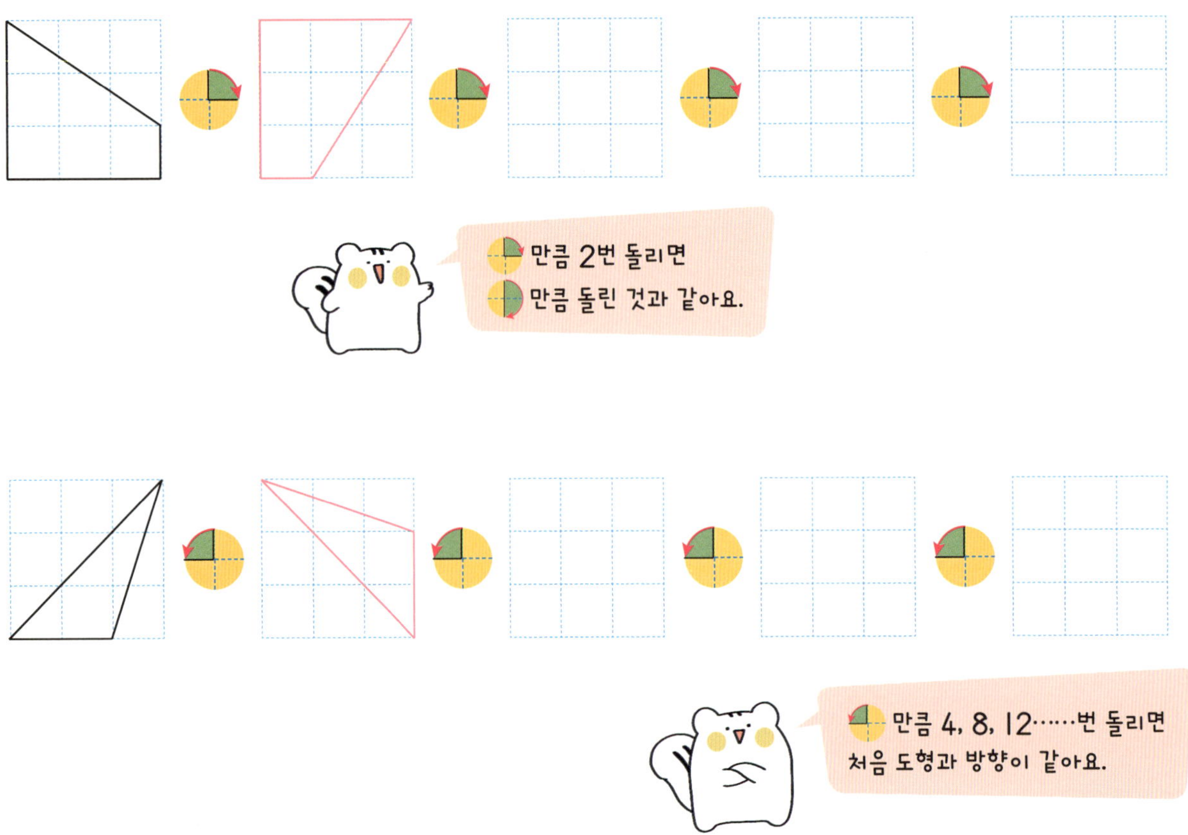

❀ 도형을 주어진 방법으로 돌렸을 때의 도형을 그려 보세요.

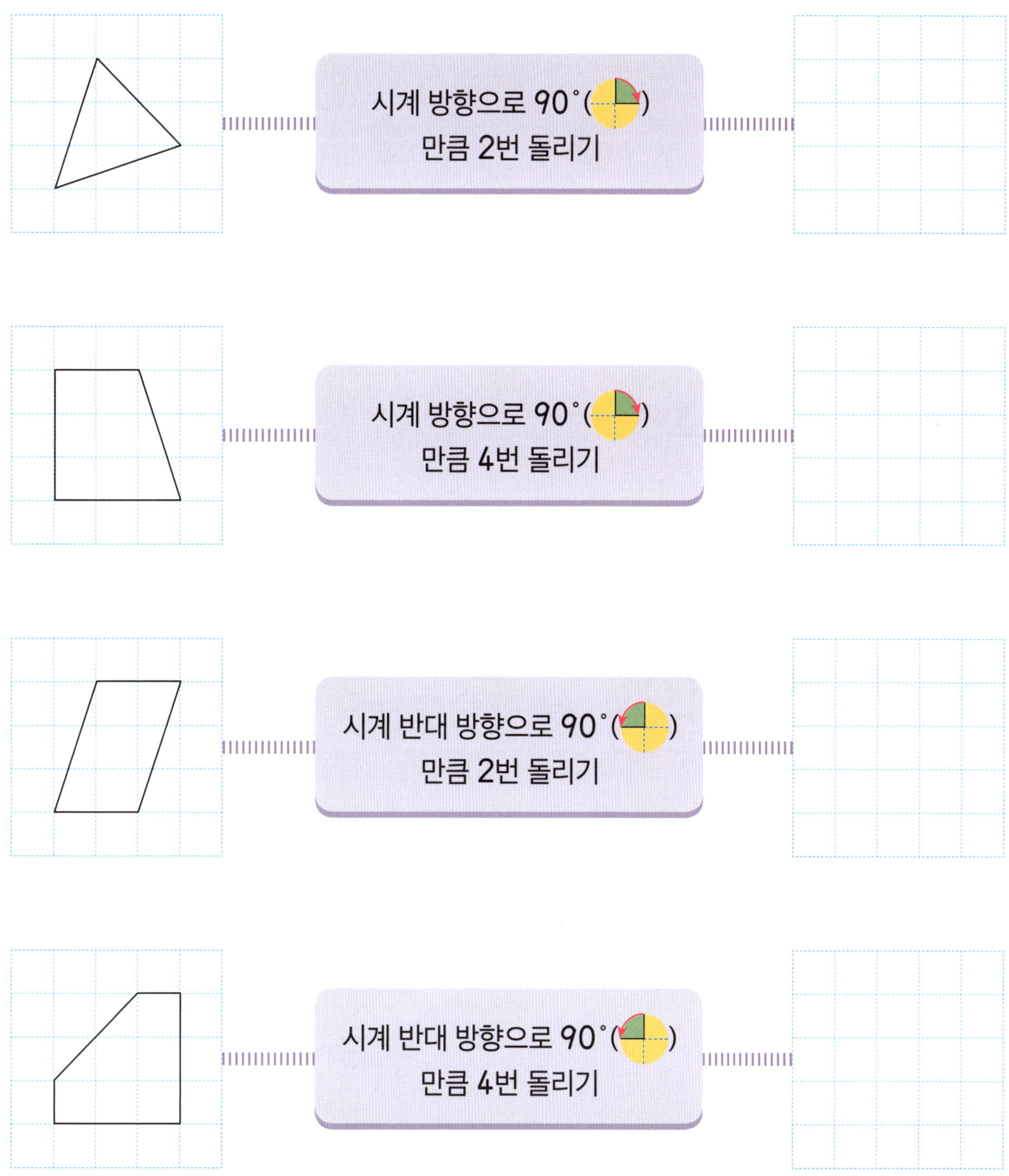

같은 방향으로 180°씩 2번 돌리면 처음 도형과 방향이 같아집니다.

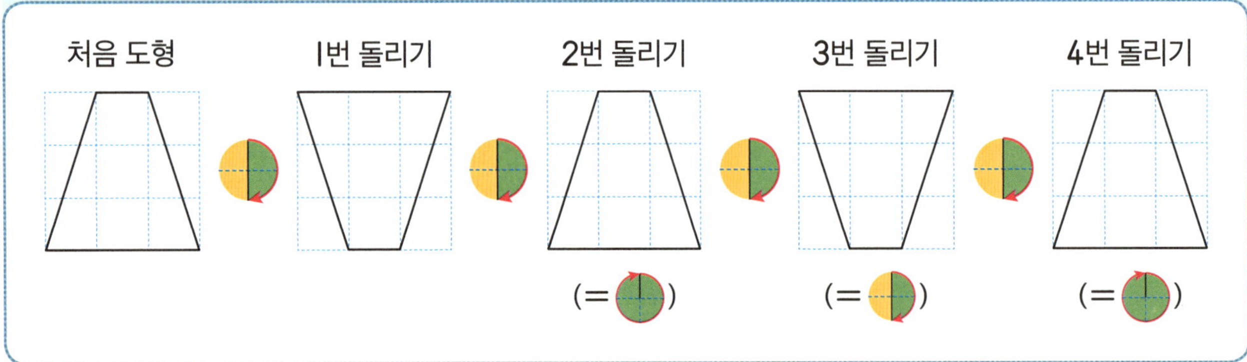

❀ 도형을 시계 방향 또는 시계 반대 방향으로 180°씩 계속 돌렸을 때의 도형을 그려 보세요.

도형을 주어진 방법으로 돌렸을 때의 도형을 그려 보세요.

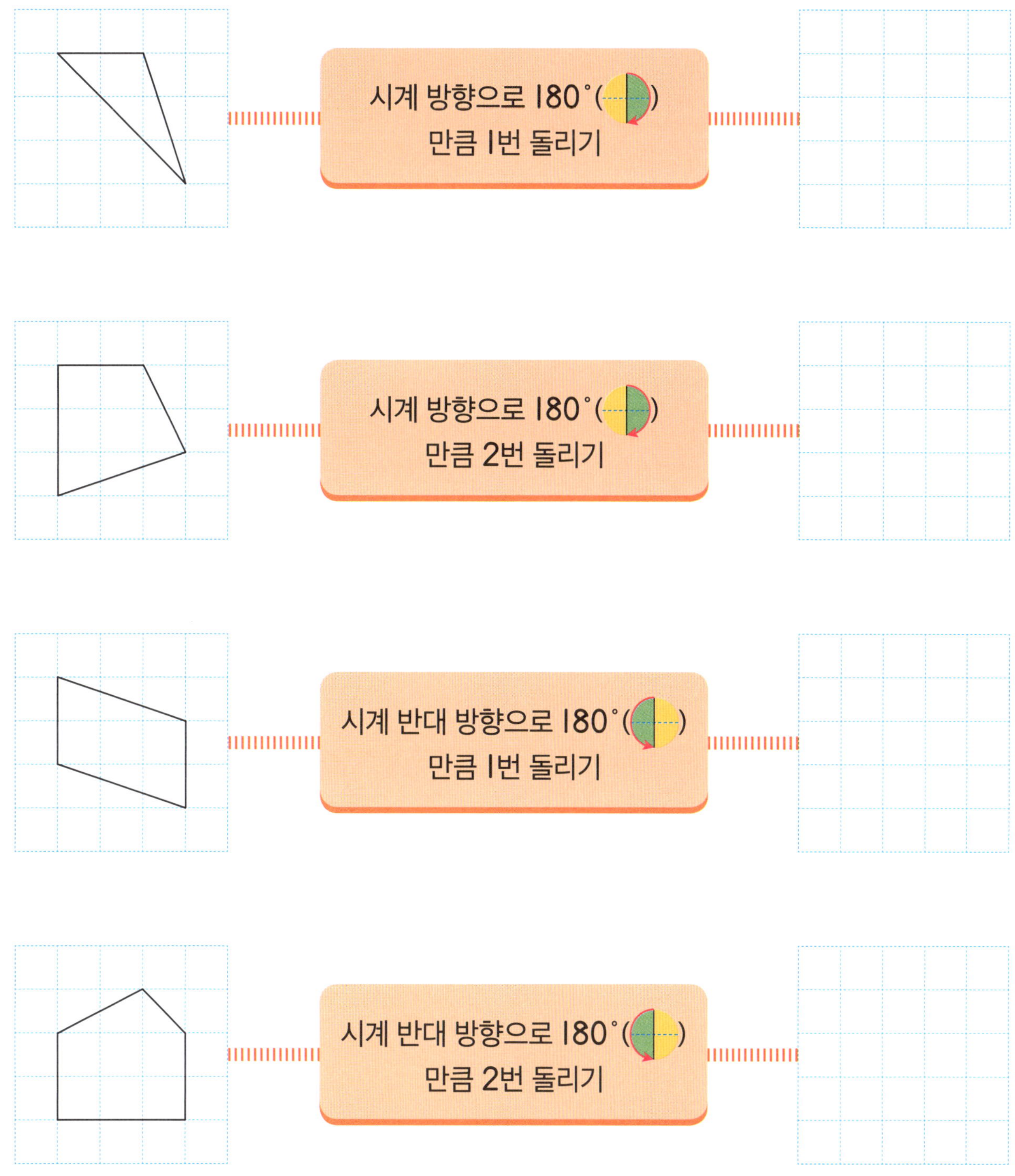
시계 방향으로 180°( ) 만큼 1번 돌리기
시계 방향으로 180°( ) 만큼 2번 돌리기
시계 반대 방향으로 180°( ) 만큼 1번 돌리기
시계 반대 방향으로 180°( ) 만큼 2번 돌리기

시계 방향으로 180°만큼 돌렸을 때 처음 그림과 방향이 같은 것에 모두 ◯표 하세요.

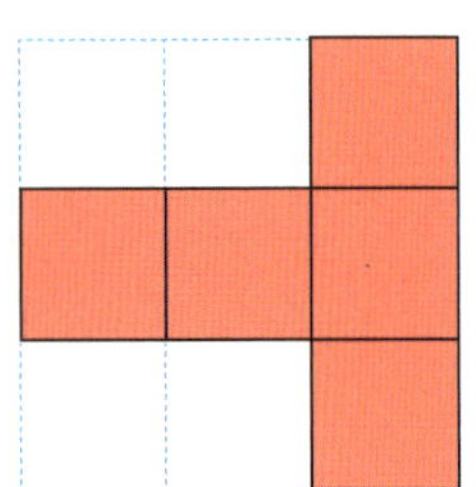

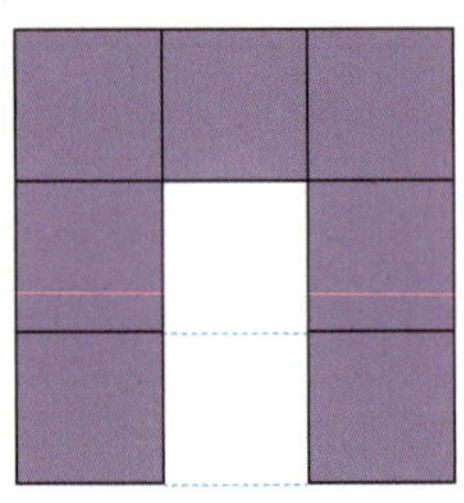
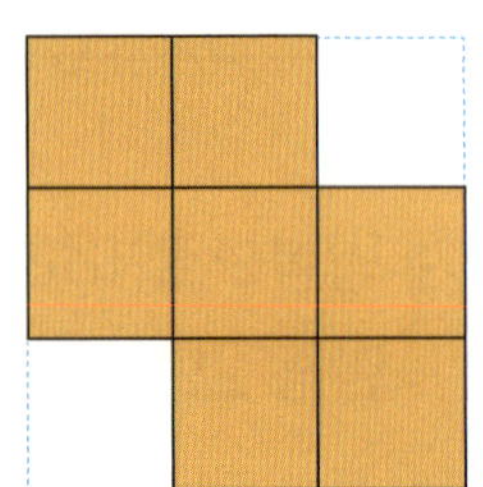
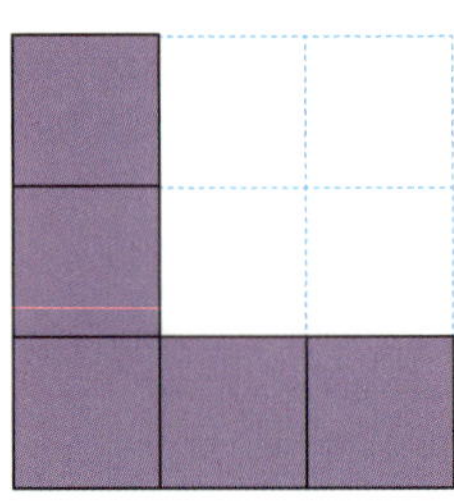

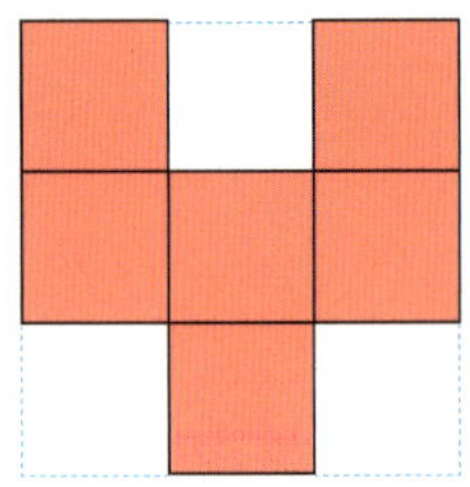

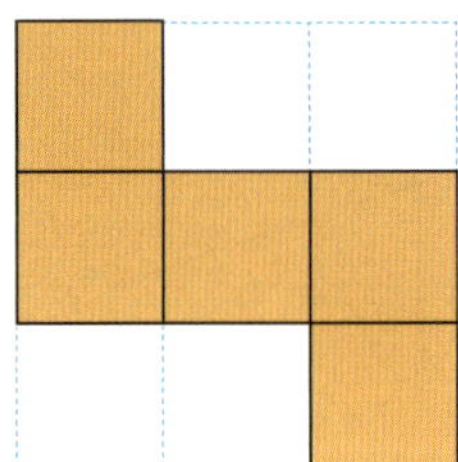

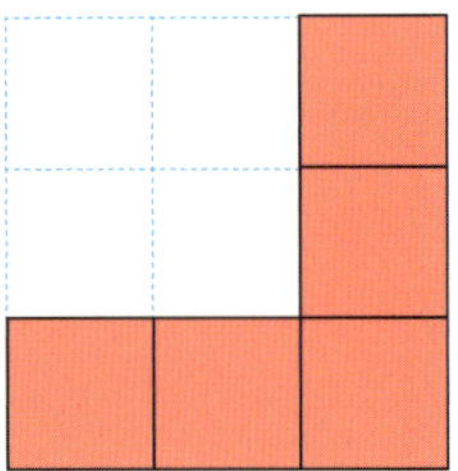

❂ 시계 방향 또는 시계 반대 방향으로 180°만큼 돌렸을 때 처음 그림과 방향이 같아지도록
모눈 칸을 색칠해 보세요.

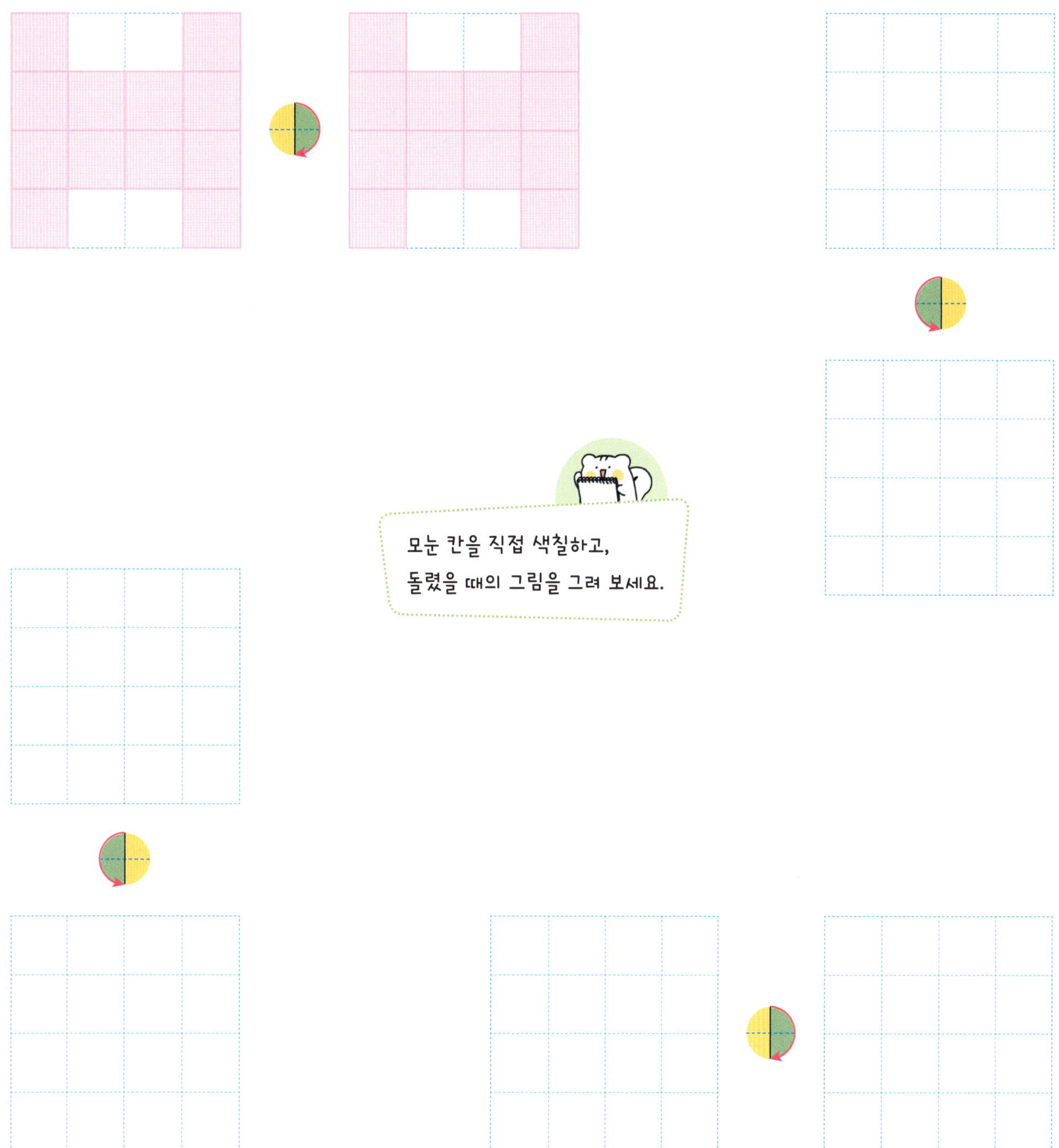

도형을 돌리는 방법

돌리기 전	돌린 후

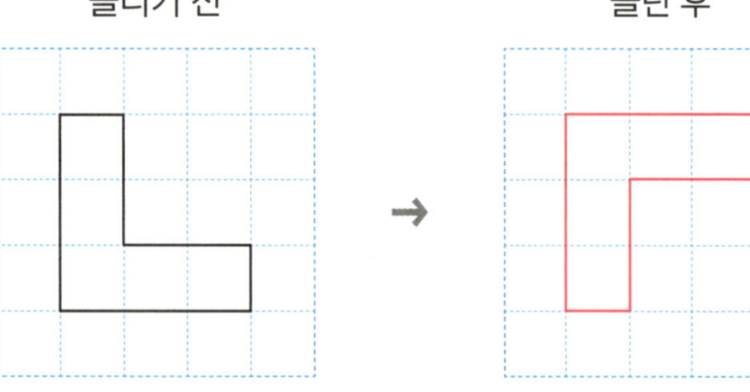

① 시계 방향으로 90°()만큼 돌립니다.
　방향　　　각도

② 시계 반대 방향으로 270°( )만큼 돌립니다.
　　방향　　　　각도

돌리기 전 처음 도형을 그리는 방법

돌리기 전	돌린 후

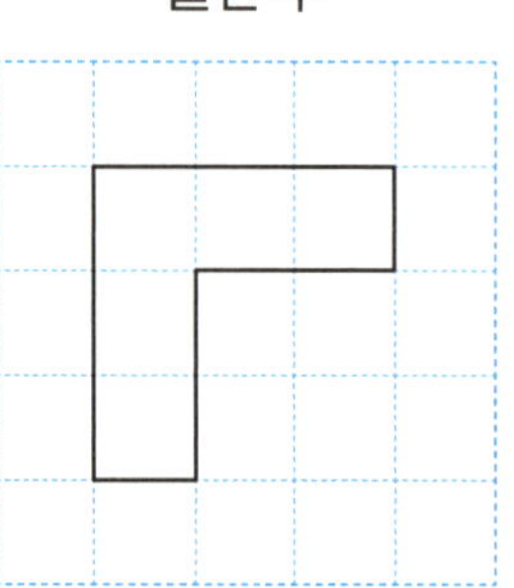

① 시계 반대 방향으로 90°( )만큼 돌립니다.

② 시계 방향으로 270°( )만큼 돌립니다.

도형 돌리기 2

시계 방향으로 90°만큼 돌린 도형과 시계 반대 방향으로 270°만큼 돌린 도형의 방향은 같습니다.

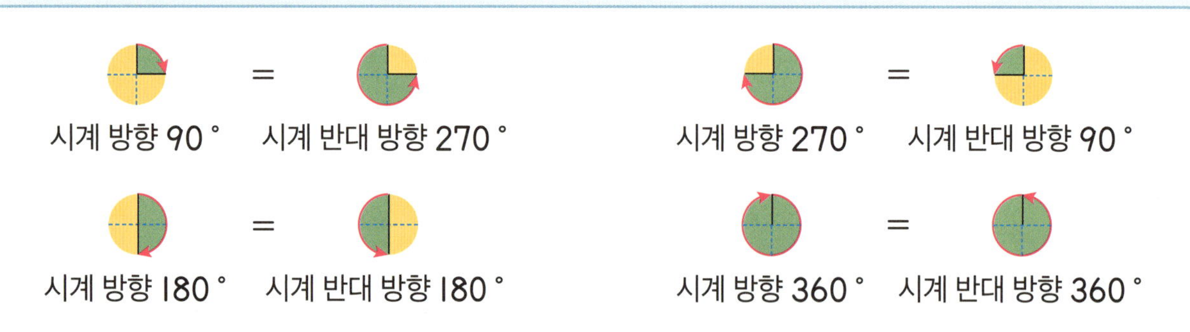

❀ 조각을 움직인 방법을 찾아 모두 ◯표 하세요.

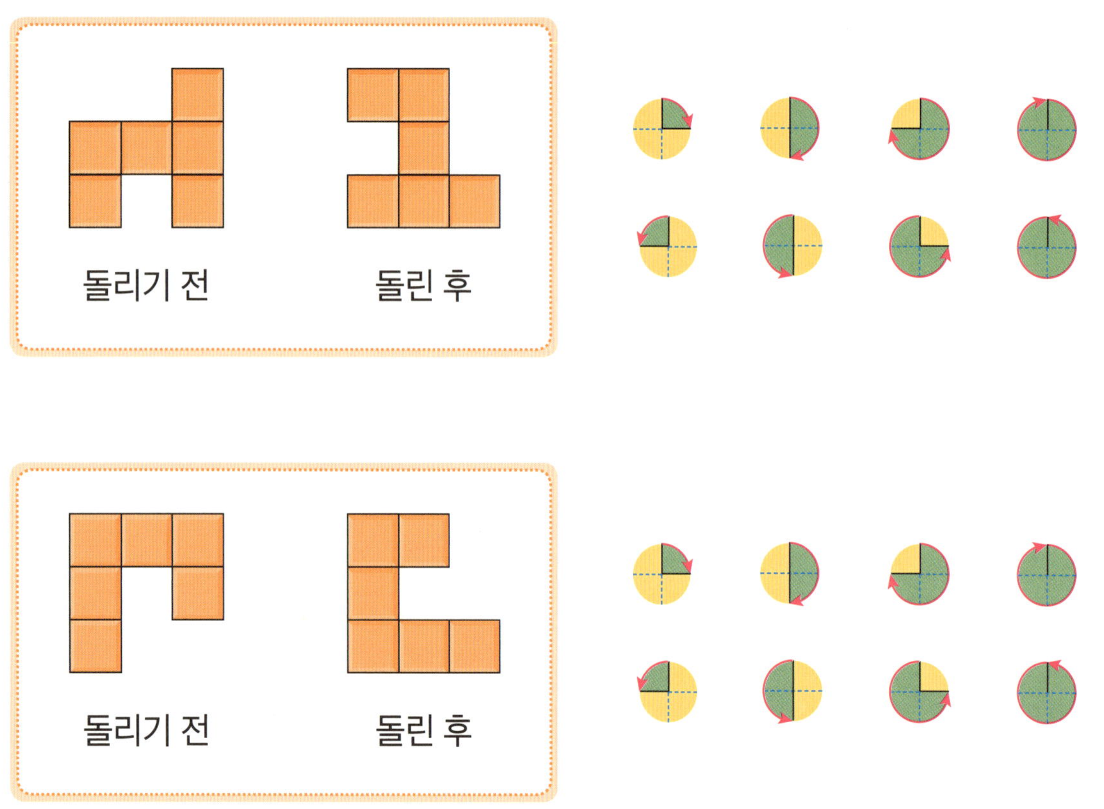

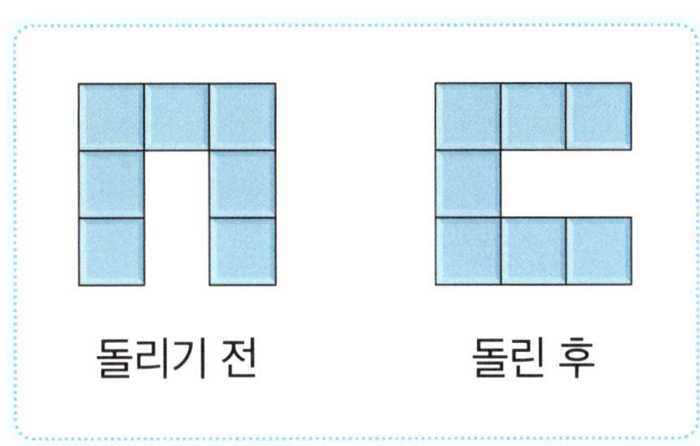

시계 방향으로 [   ]°만큼 돌립니다.

시계 반대 방향으로 [   ]°만큼 돌립니다.

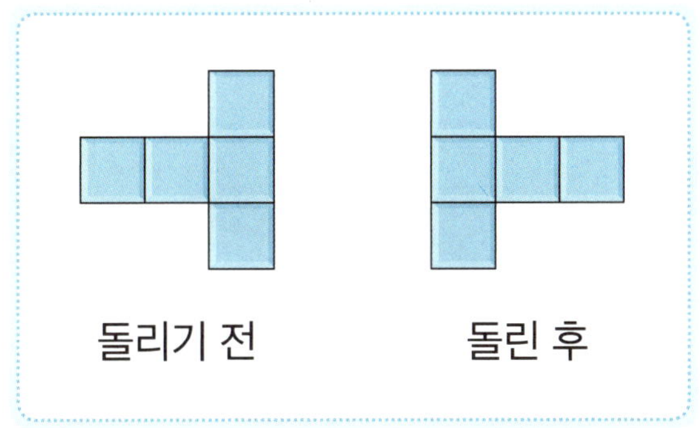

시계 방향으로 [   ]°만큼 돌립니다.

시계 반대 방향으로 [   ]°만큼 돌립니다.

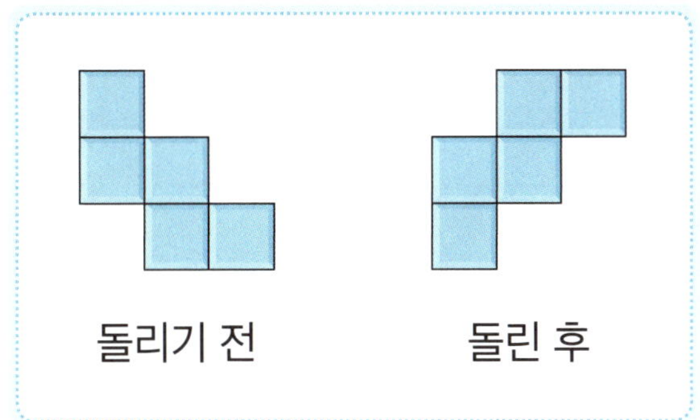

시계 방향으로 [   ]°만큼 돌립니다.

시계 반대 방향으로 [   ]°만큼 돌립니다.

42 길 연결하기

조각을 돌린 방법을 써 보세요.

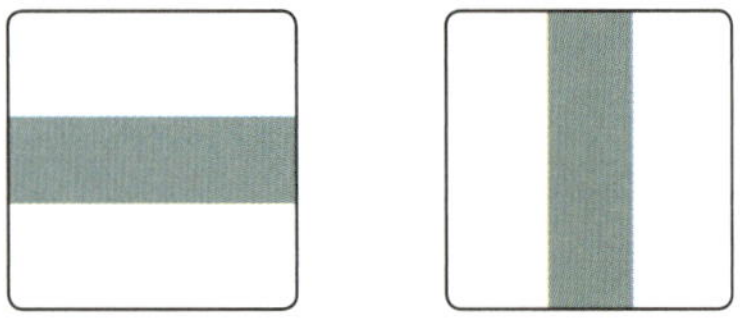

돌리기 전 돌린 후

시계 방향으로 ____°만큼 돌리기

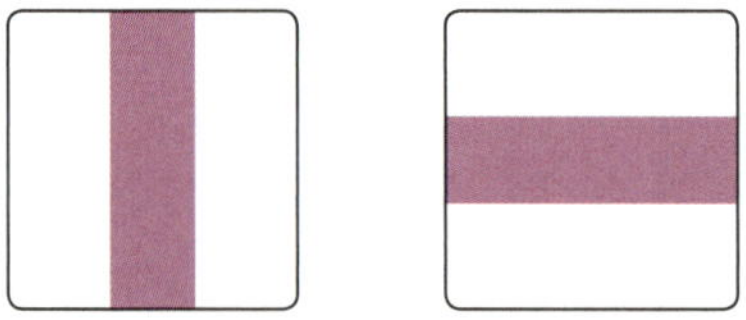

돌리기 전 돌린 후

시계 반대 방향으로 ____°만큼 돌리기

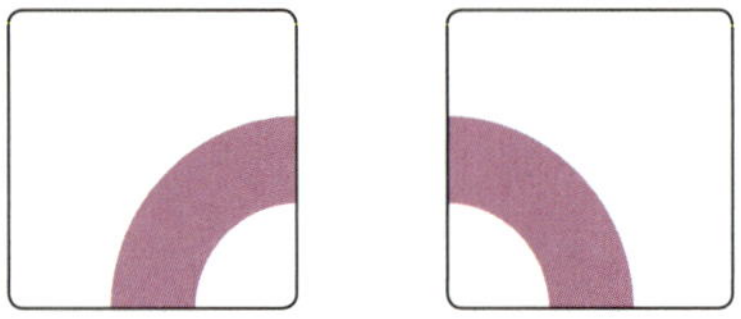

돌리기 전 돌린 후

시계 방향으로 ____°만큼 돌리기

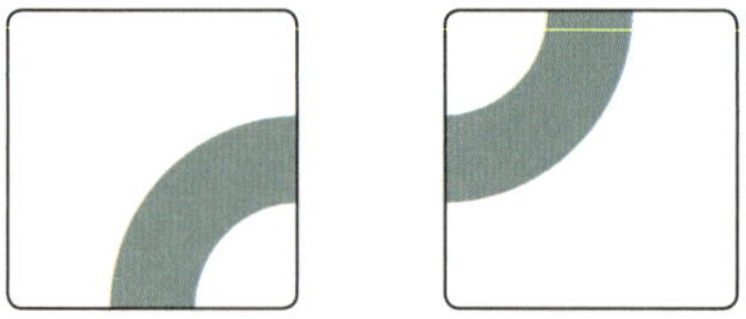

돌리기 전 돌린 후

시계 반대 방향으로 ____°만큼 돌리기

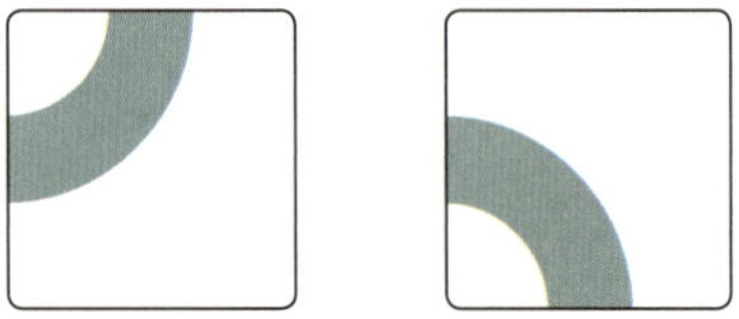

돌리기 전 돌린 후

시계 방향으로 ____°만큼 돌리기

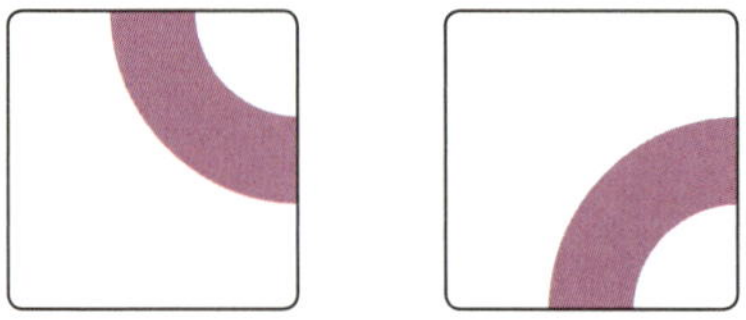

돌리기 전 돌린 후

시계 반대 방향으로 ____°만큼 돌리기

❂ 출발부터 도착까지 길이 하나로 연결되도록 조각을 돌리는 방법을 써 보세요.

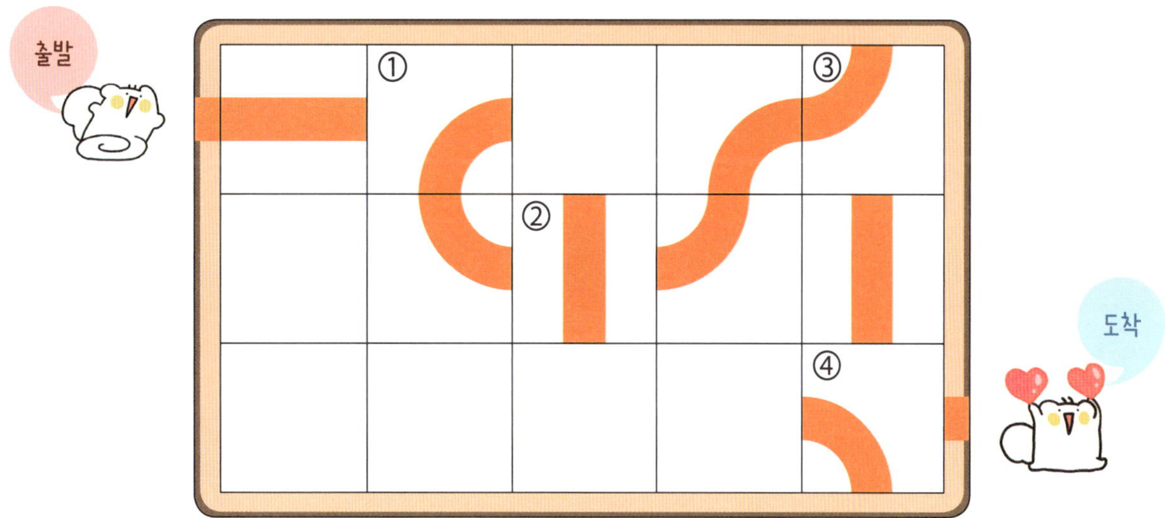

① 시계 방향으로 [ ]°만큼 돌리기

② 시계 반대 방향으로 [ ]°만큼 돌리기

③ 시계 방향으로 [ ]°만큼 돌리기

④ 시계 반대 방향으로 [ ]°만큼 돌리기

◈ 조각을 돌린 방법을 써 보세요.

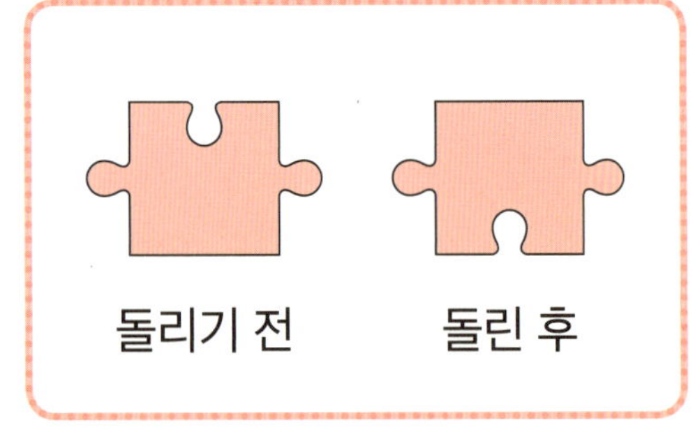

돌리기 전 　　　 돌린 후

시계 방향으로 [　　] °만큼 돌리기

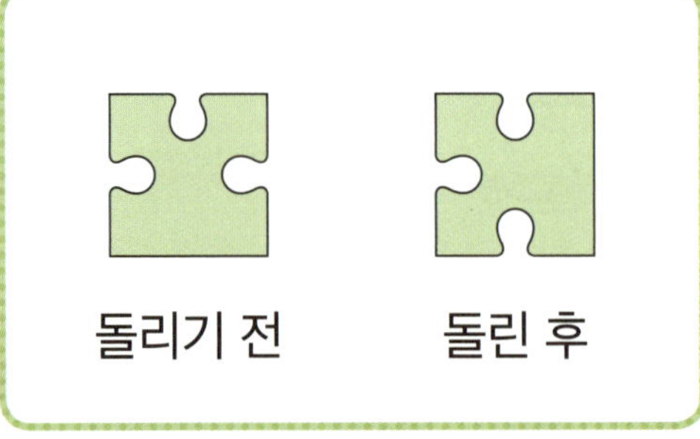

돌리기 전 　　　 돌린 후

시계 반대 방향으로 [　　] °만큼 돌리기

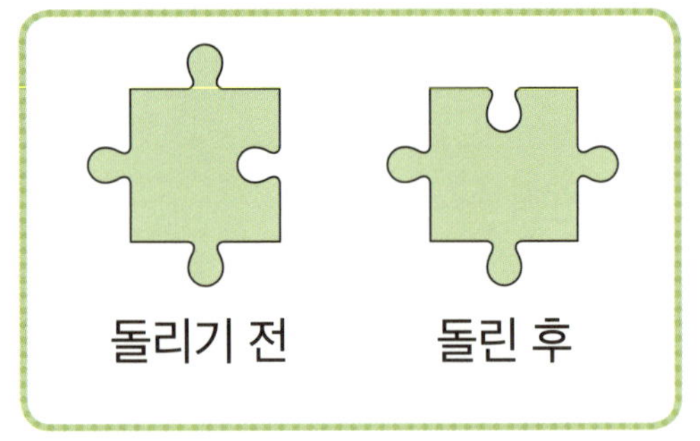

돌리기 전 　　　 돌린 후

시계 방향으로 [　　] °만큼 돌리기

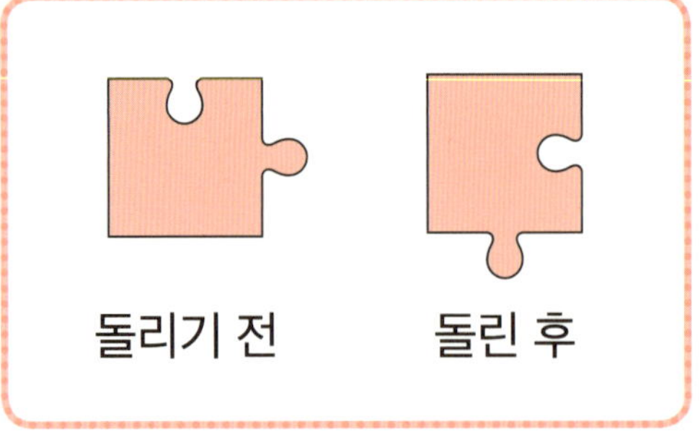

돌리기 전 　　　 돌린 후

시계 반대 방향으로 [　　] °만큼 돌리기

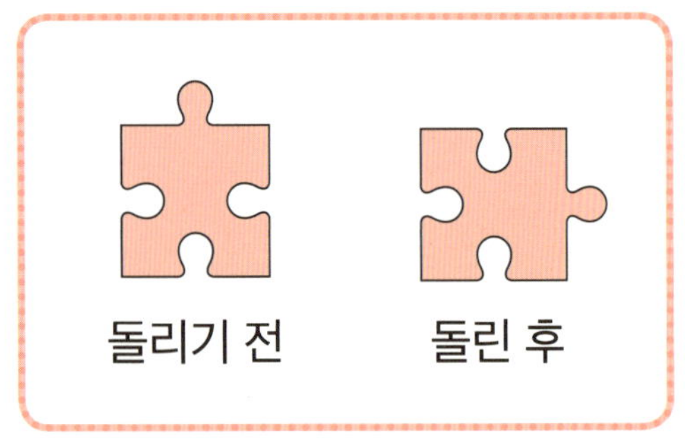

돌리기 전 　　　 돌린 후

시계 방향으로 [　　] °만큼 돌리기

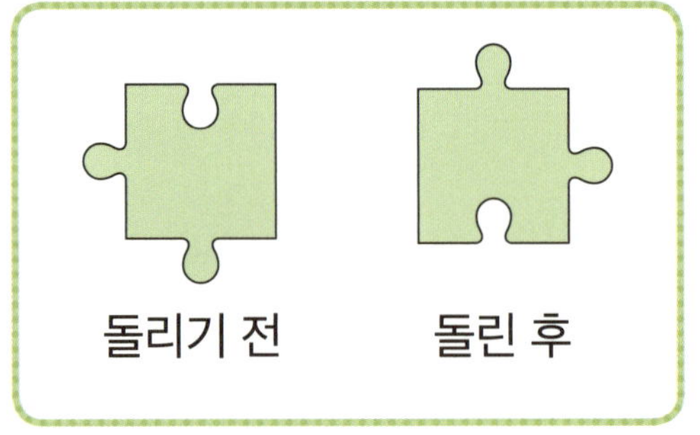

돌리기 전 　　　 돌린 후

시계 반대 방향으로 [　　] °만큼 돌리기

① 시계 방향으로 [ ]°만큼 돌리기

② 시계 반대 방향으로 [ ]°만큼 돌리기

③ 시계 방향으로 [ ]°만큼 돌리기

④ 시계 반대 방향으로 [ ]°만큼 돌리기

돌린 후의 도형을 반대 방향으로 **같은 각도**만큼 돌리면 처음 도형이 됩니다.

❂ 도형을 주어진 방법으로 돌렸습니다. 돌리기 전의 도형을 그려 보세요.

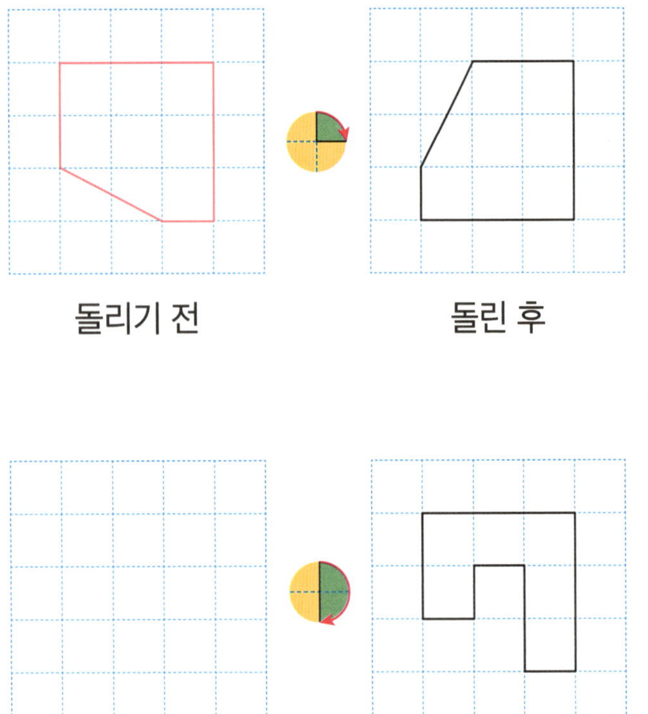

돌리기 전   돌린 후

돌리기 전   돌린 후

✿ 도형을 주어진 방법으로 돌렸습니다. 돌리기 전의 도형을 그려 보세요.

● 다음 모양을 주어진 방법으로 돌렸을 때의 모양을 찾아 이어 보세요.

 시계 방향으로 90°

 시계 방향으로 180°

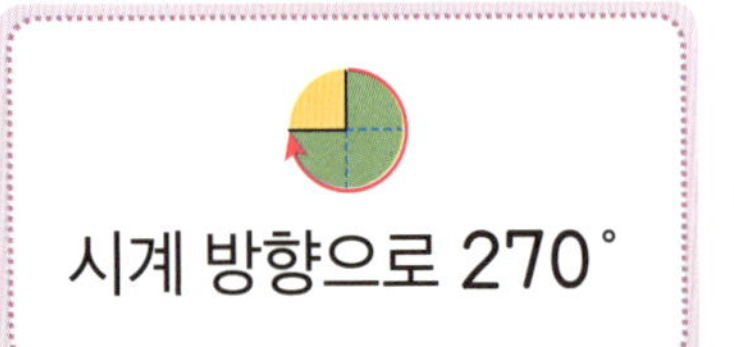 시계 방향으로 270°

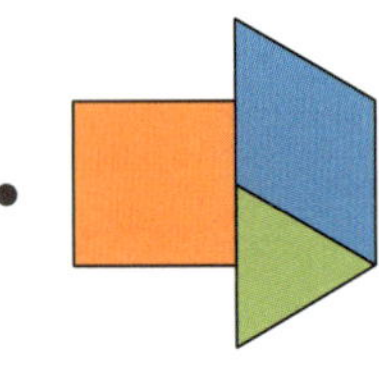

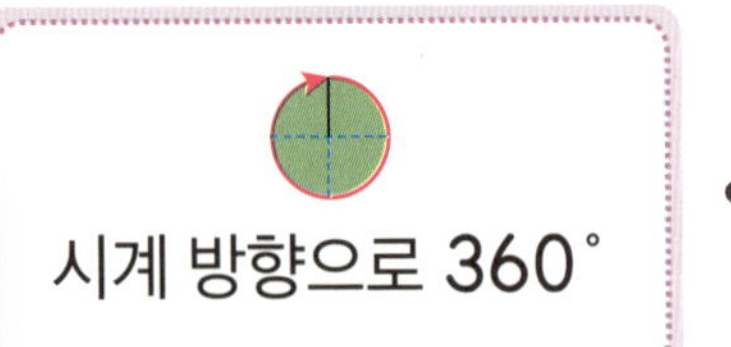 시계 방향으로 360°

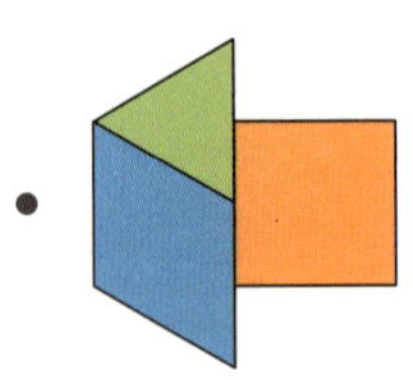

● 처음 모양을 돌리는 방향을 정하여 ◯표 하고, 돌렸을 때의 모양을 그려 보세요.

처음 모양
돌린 모양

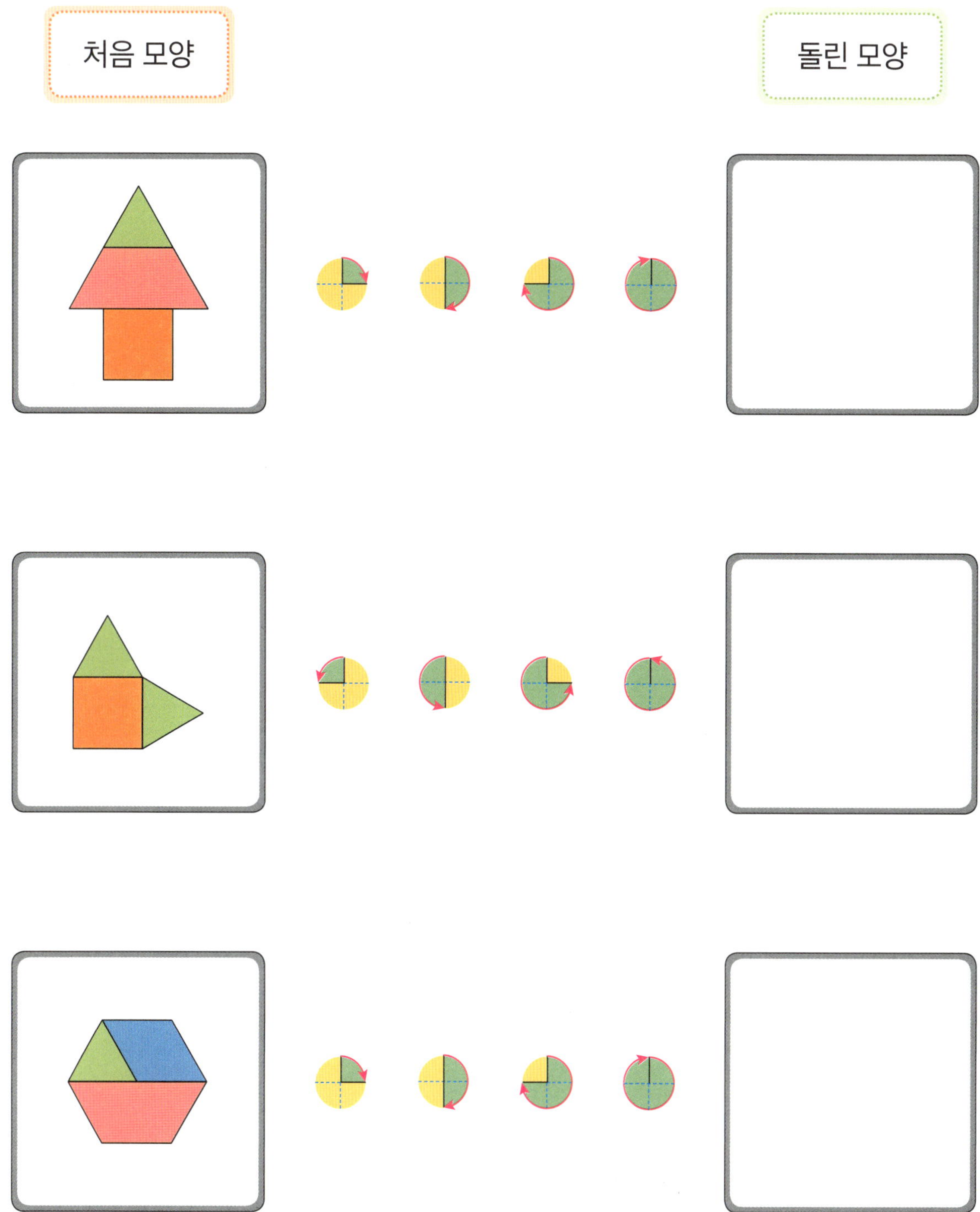

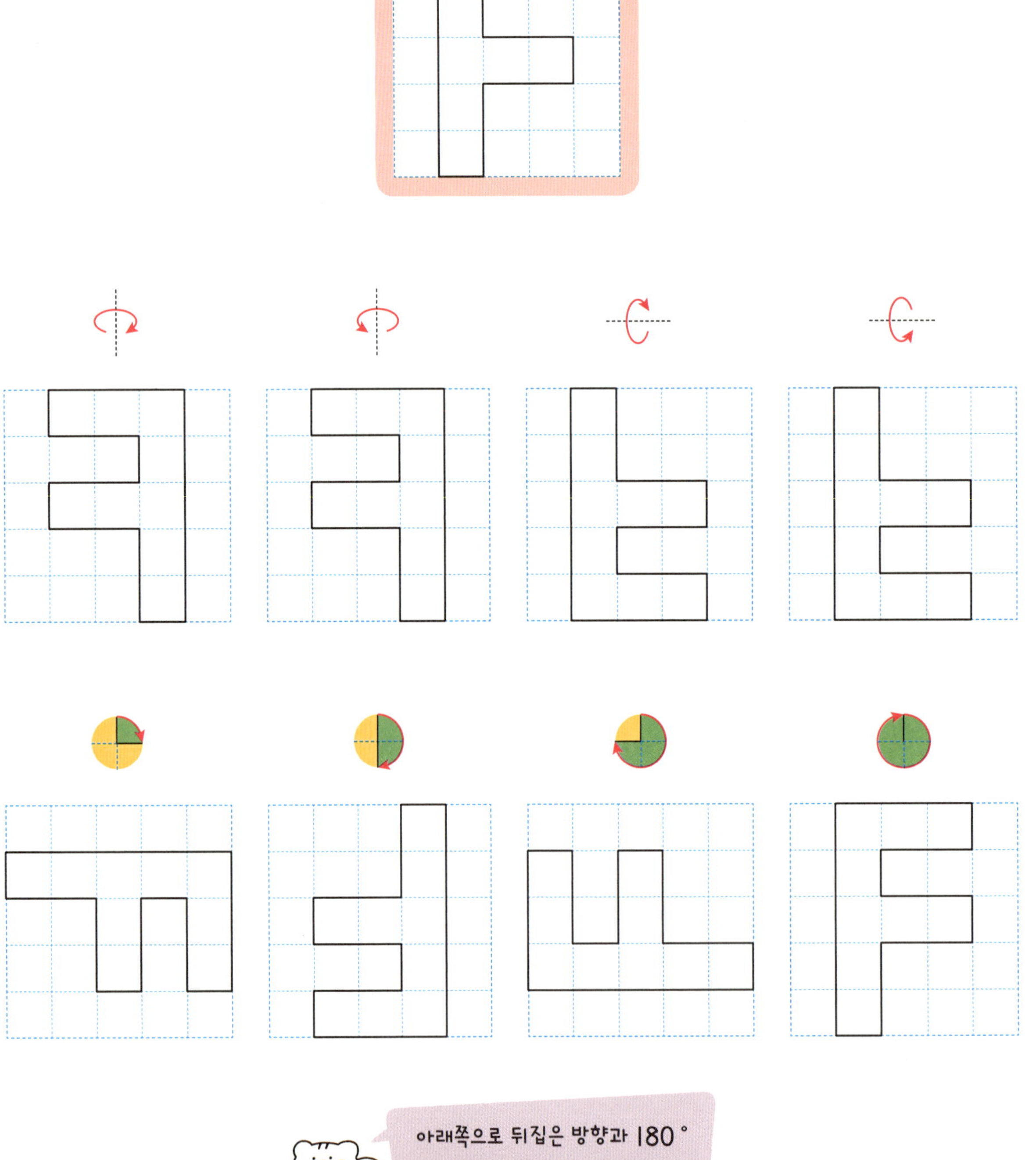

아래쪽으로 뒤집은 방향과 180°
돌린 방향을 주의해서 구분해요.

도형의 이동

✤ 도형을 주어진 방법으로 움직였을 때의 도형을 각각 그려 보세요.

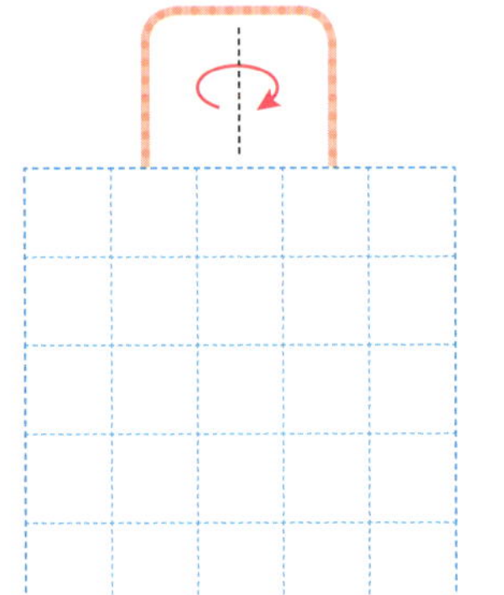 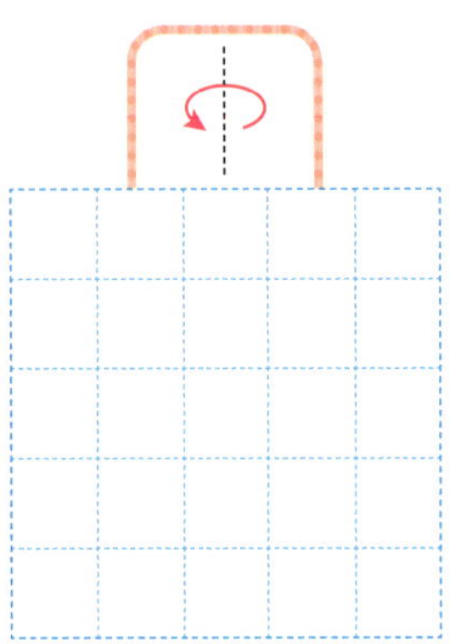 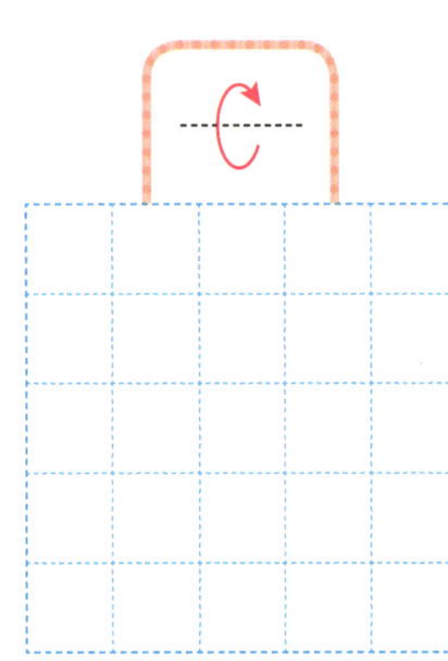 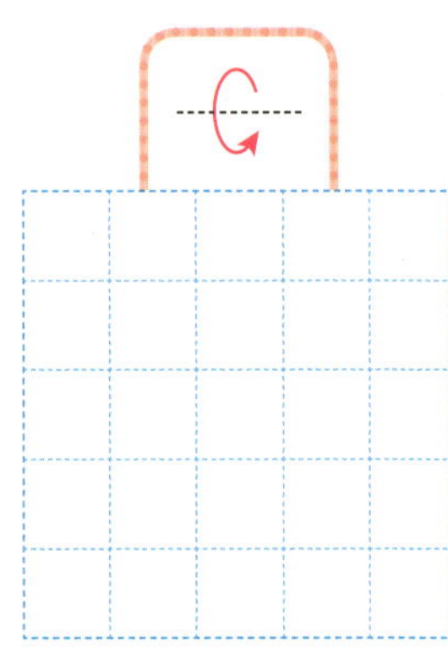

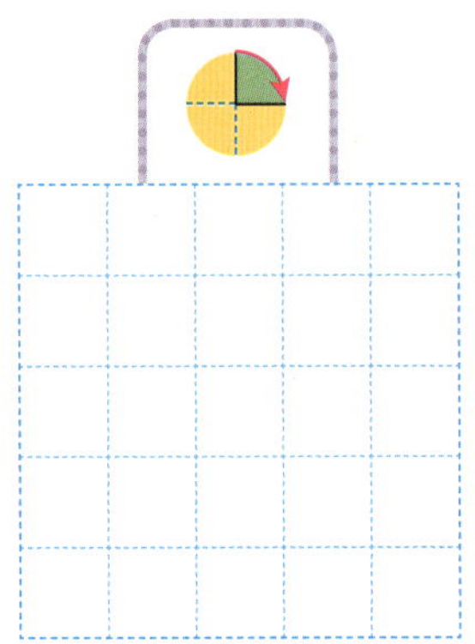 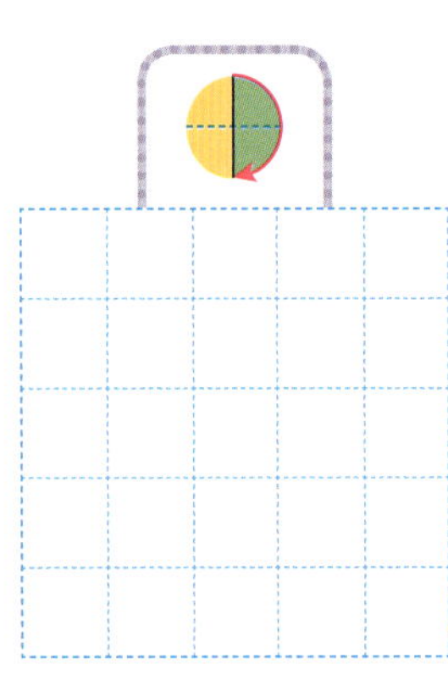 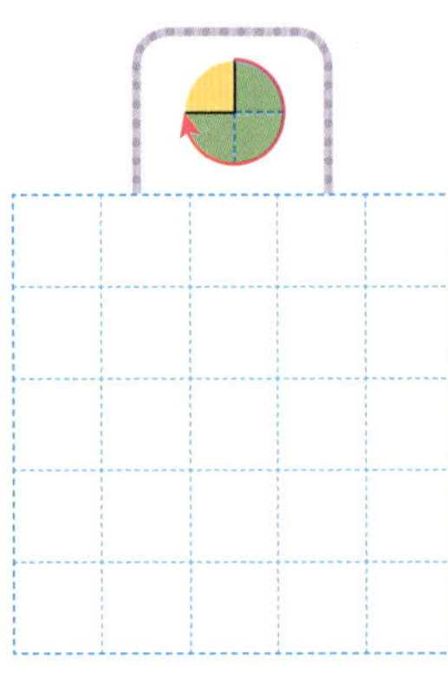 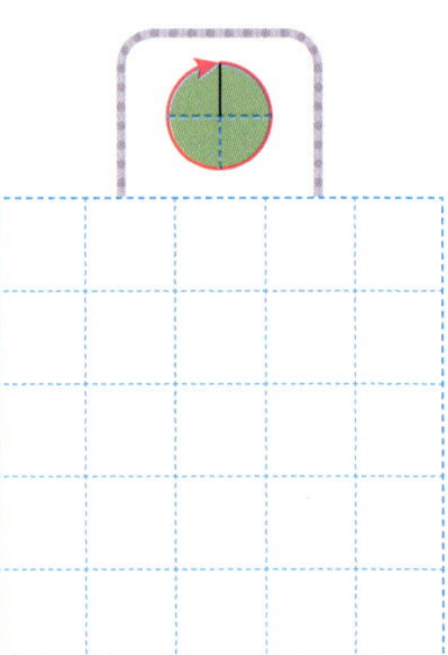

❀ 도형을 주어진 방법으로 연속하여 움직였을 때의 도형을 각각 그려 보세요.

✦ 문자를 주어진 방법으로 움직였을 때의 문자를 각각 그려 보세요.

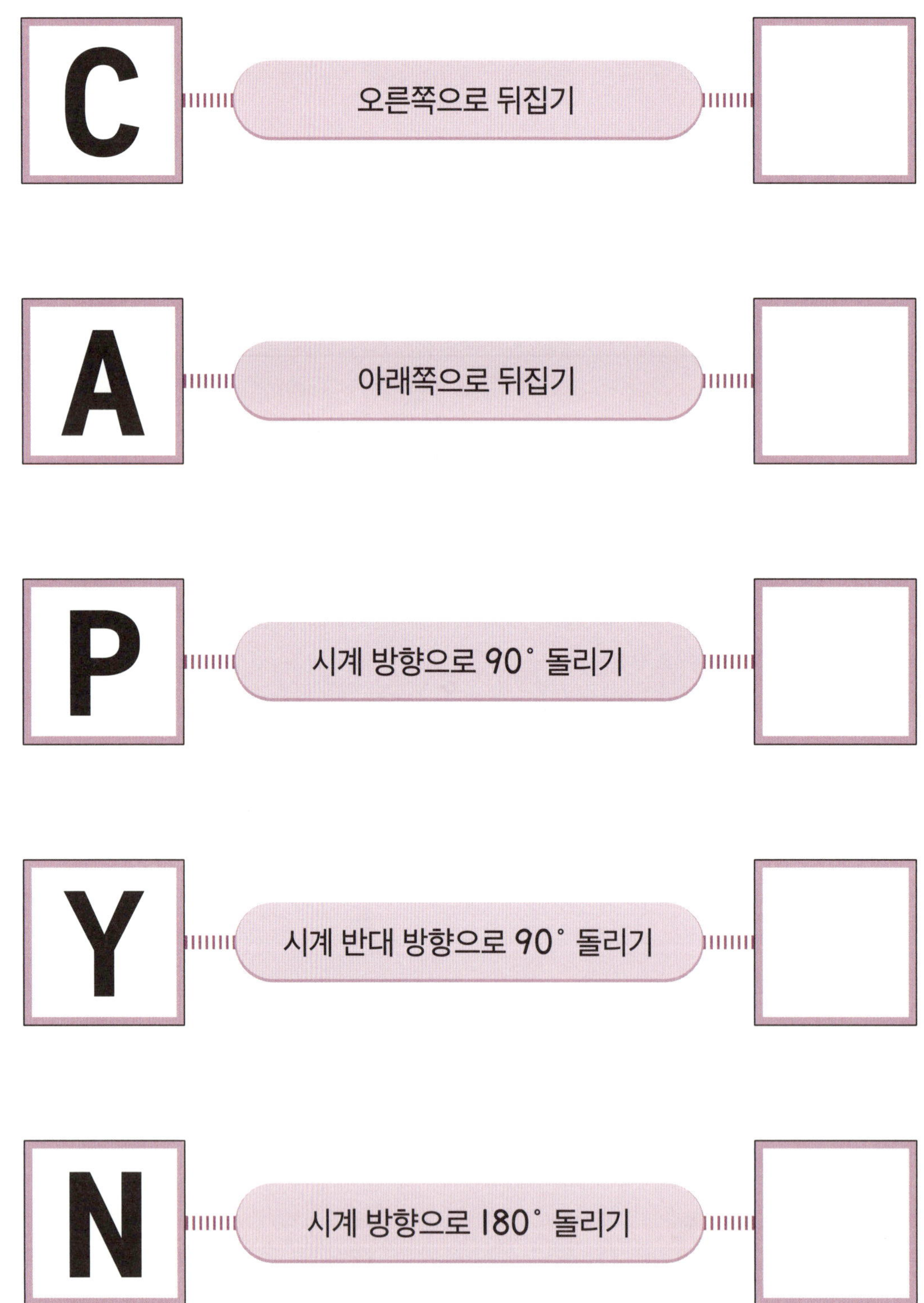

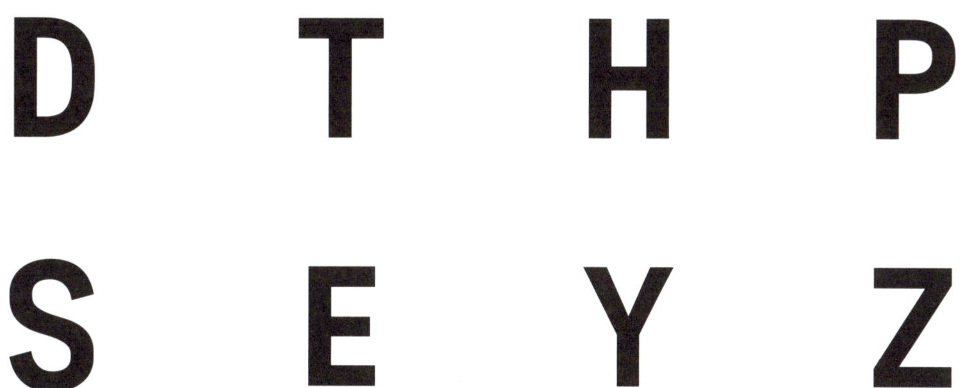

⚙ 시계 방향으로 180°만큼 돌렸을 때 처음 문자와 방향이 같은 문자에 모두 ◯표 하세요.

문자를 주어진 방법으로 움직였을 때의 문자를 각각 그려 보세요.

❄ 오른쪽으로 뒤집었을 때 올바른 문자가 되는 문자에 모두 ◯표 하세요.

유 눈 다 봄

공 몸 흥 골

❄ 시계 방향으로 180°만큼 돌렸을 때 올바른 문자가 되는 문자에 모두 ◯표 하세요.

유 눈 다 봄

공 몸 흥 골

투명 종이에 적힌 수 카드를 주어진 방법으로 움직였을 때의 수를 각각 그려 보세요.

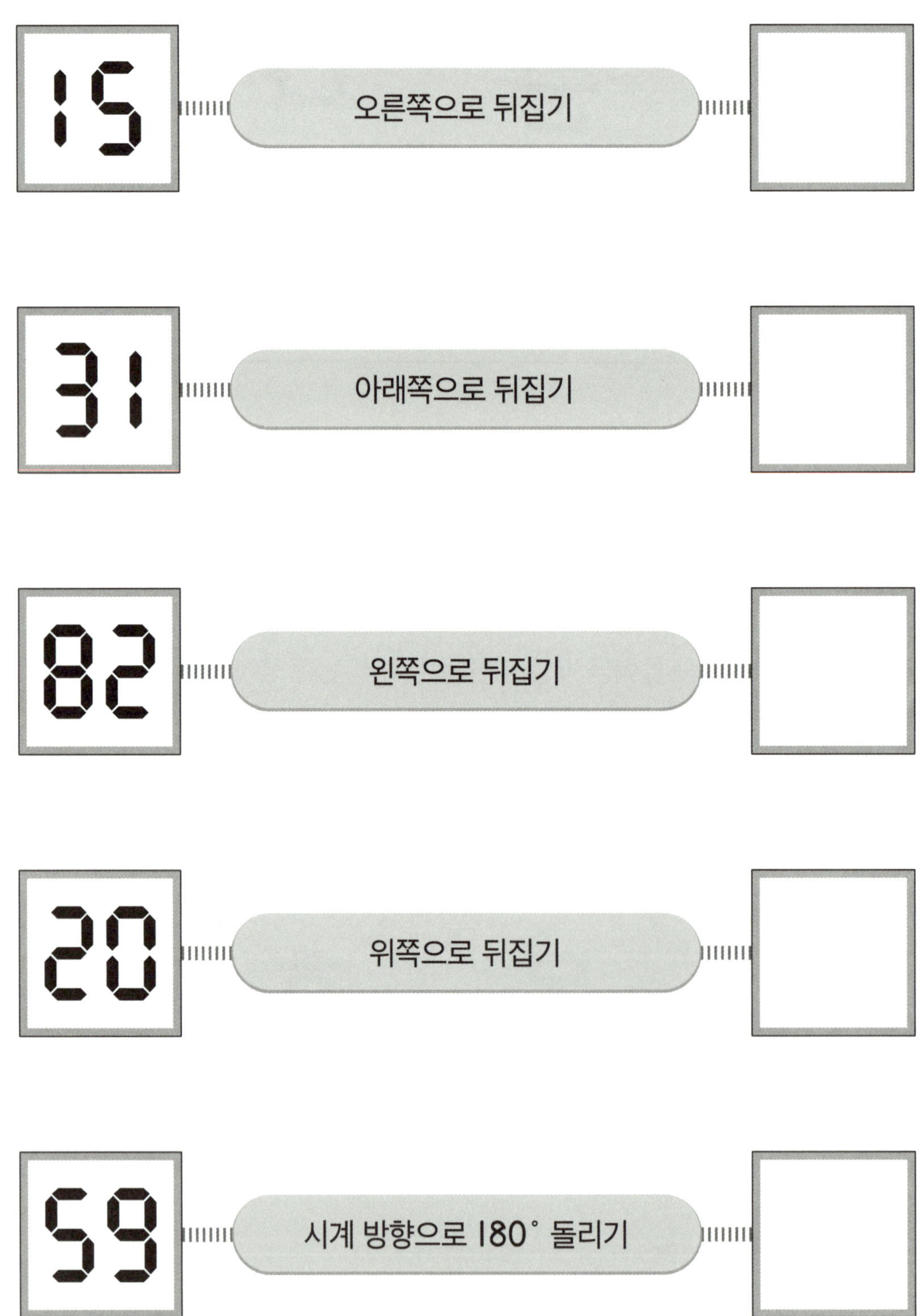

✿ 투명 종이에 적힌 수 카드를 주어진 방법으로 움직였을 때의 수를 ①과 ②에 각각 쓰고,
두 수의 합을 구해 보세요.

무늬 만들기

밀기, 뒤집기, 돌리기를 이용하여 규칙적인 무늬를 완성해 보세요.

밀기	뒤집기	돌리기

뒤집기

돌리기

❄ 주어진 모양과 밀기, 뒤집기, 돌리기를 이용하여 규칙적인 무늬를 만들어 보세요.

정답

01
12쪽 ~ 13쪽

02
14쪽 ~ 15쪽

03
16쪽 ~ 17쪽

07   26쪽 ~ 27쪽

08   28쪽 ~ 29쪽

09   30쪽 ~ 31쪽

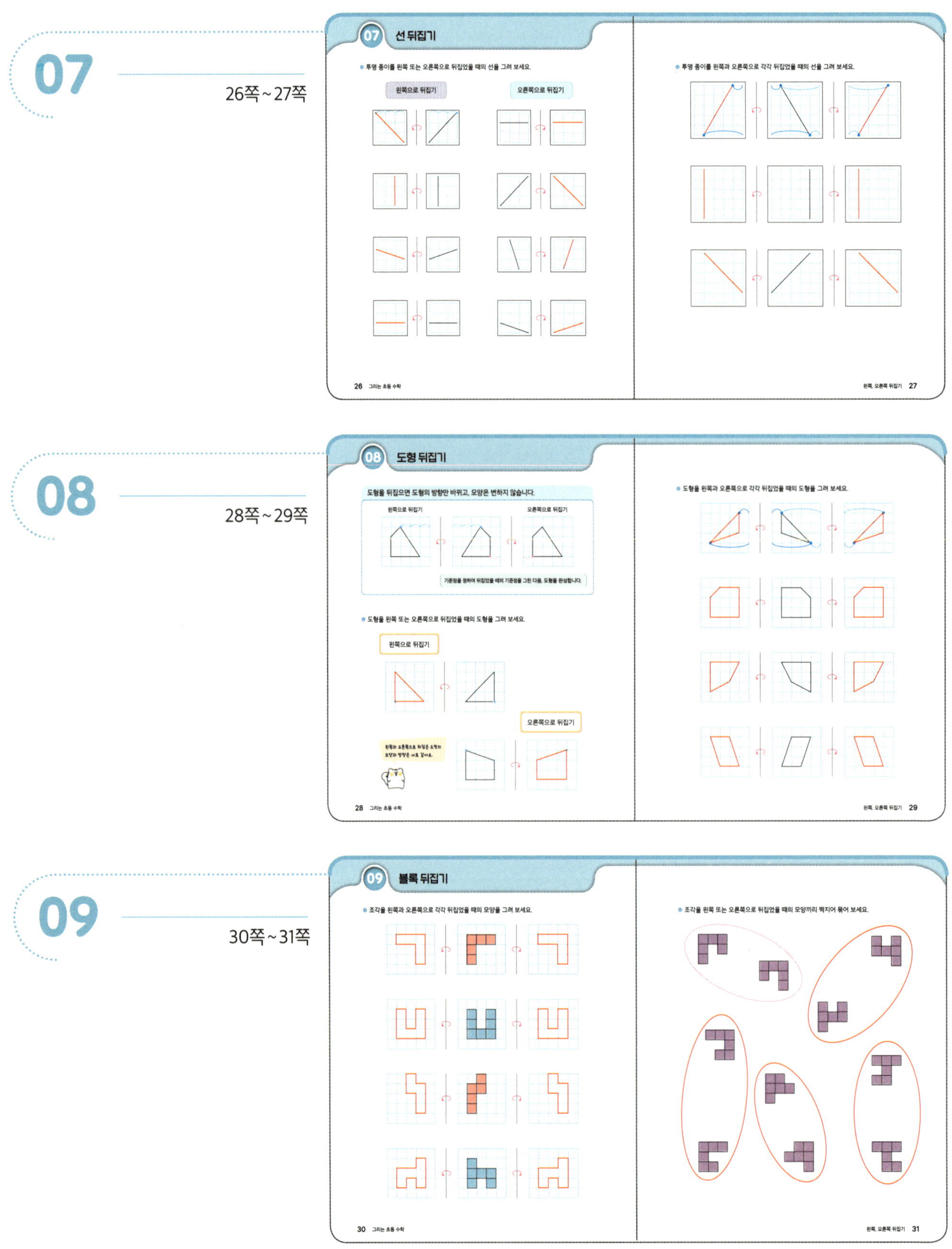

10
32쪽~33쪽
11
36쪽~37쪽
12
38쪽~39쪽

13 40쪽 ~ 41쪽

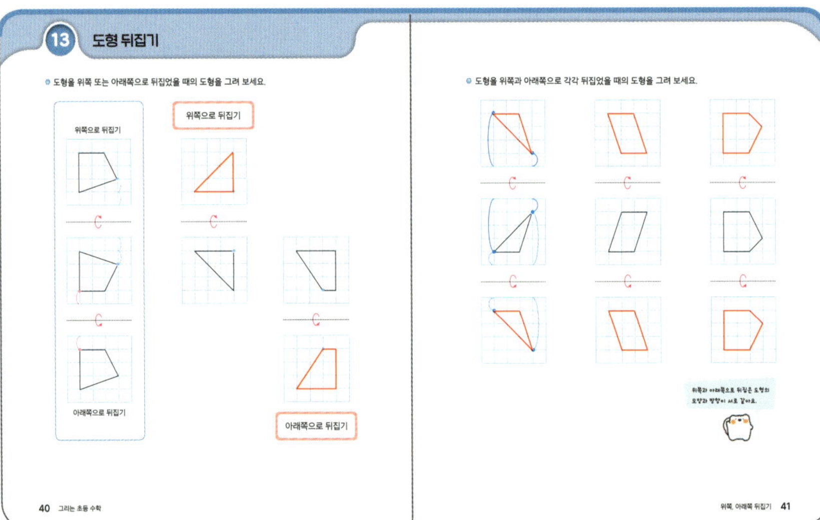

14 42쪽 ~ 43쪽

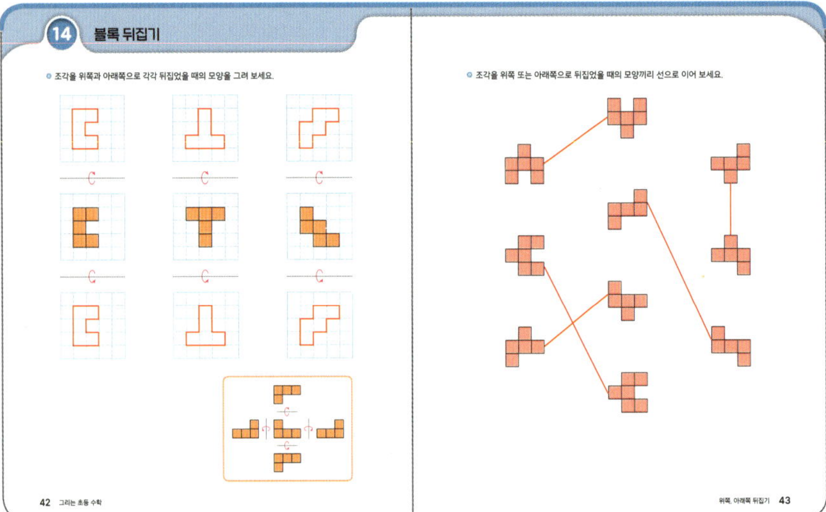

15 44쪽 ~ 45쪽

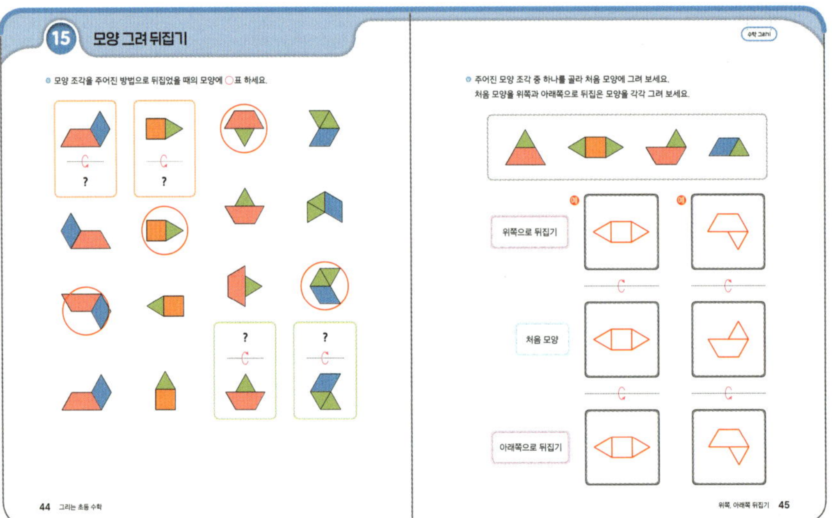

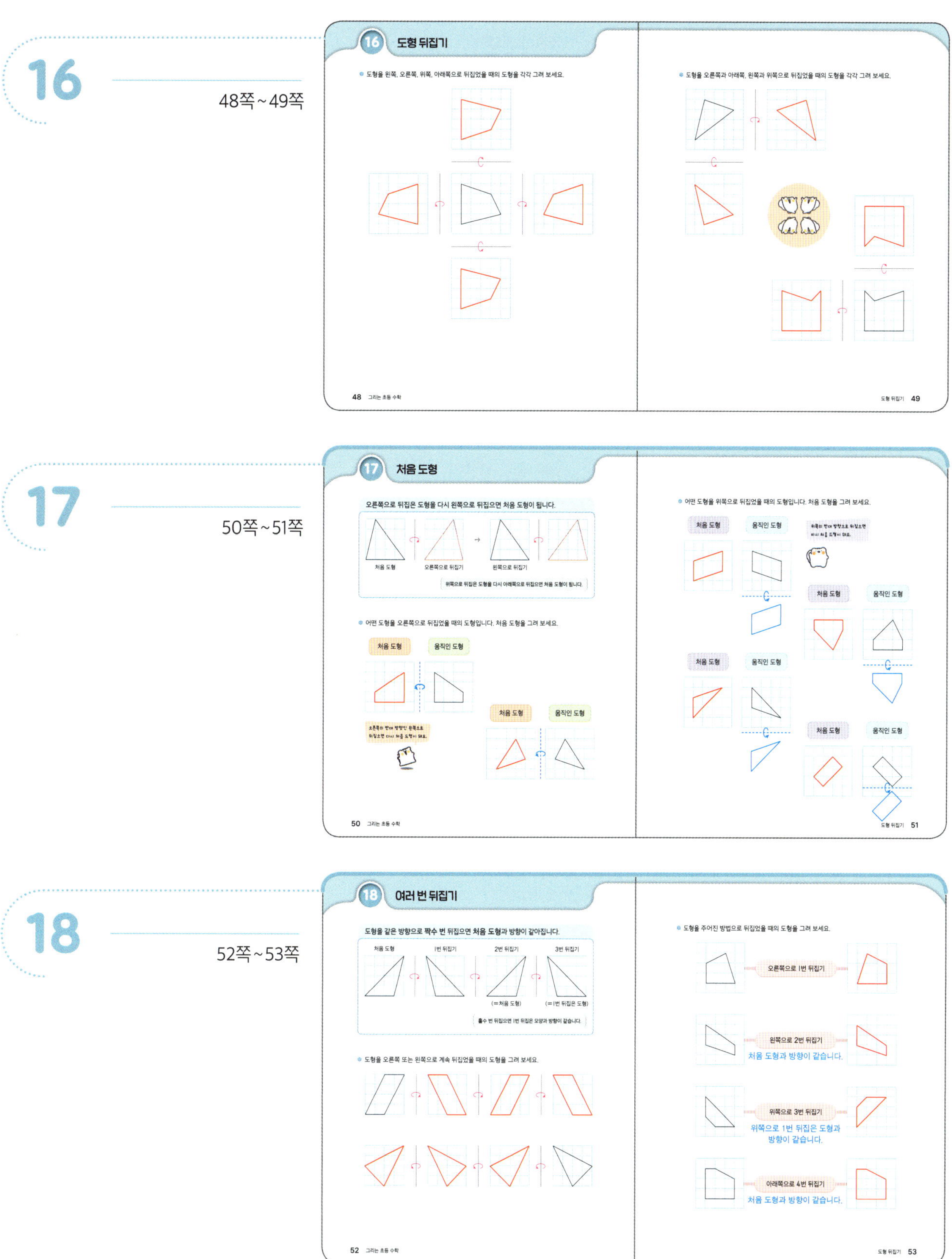

19 54쪽~55쪽

20 56쪽~57쪽

21 60쪽~61쪽

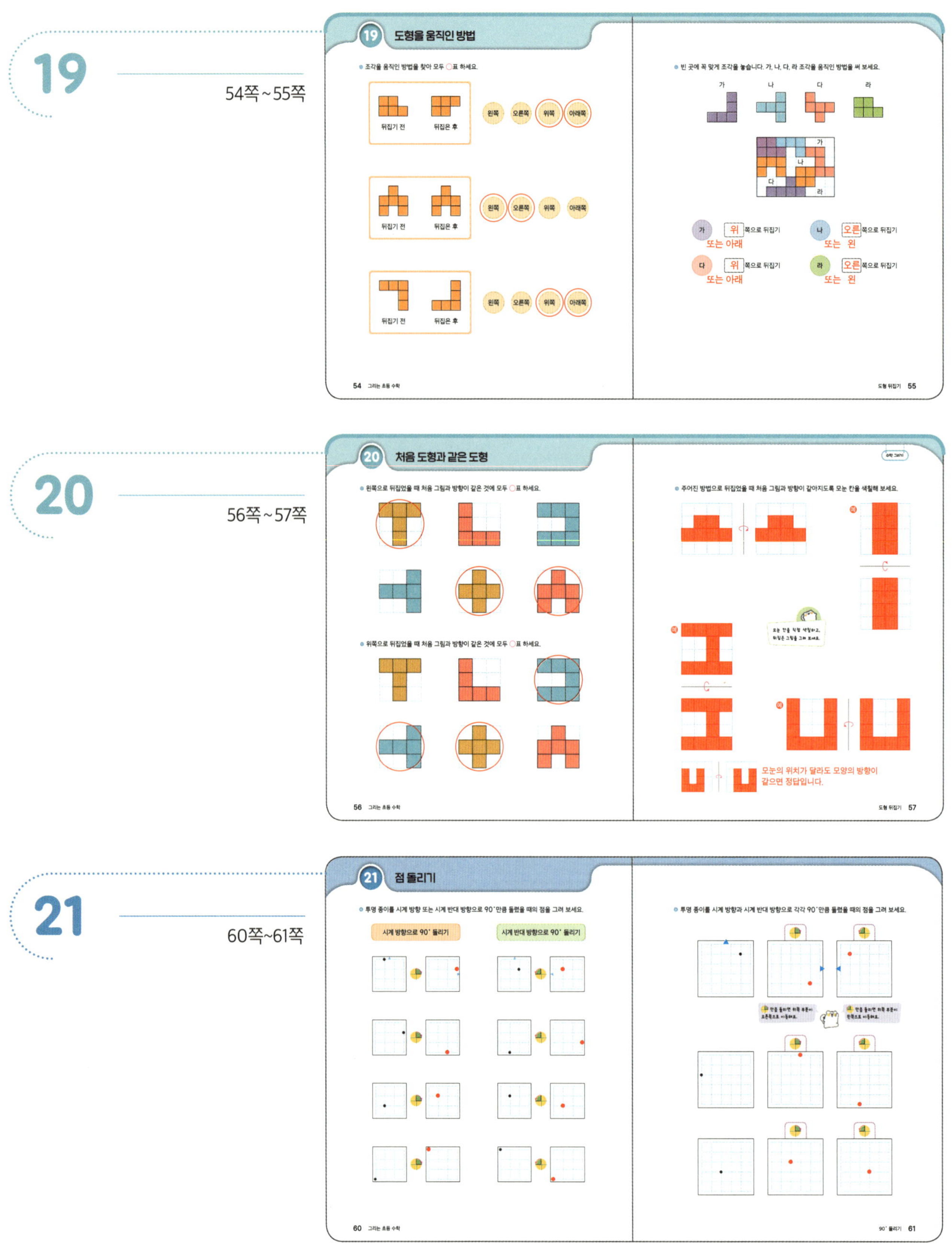

22
62쪽~63쪽
23
64쪽~65쪽
24
66쪽~67쪽

그리는 초등 수학

25
68쪽~69쪽

26
72쪽~73쪽

27
74쪽~75쪽

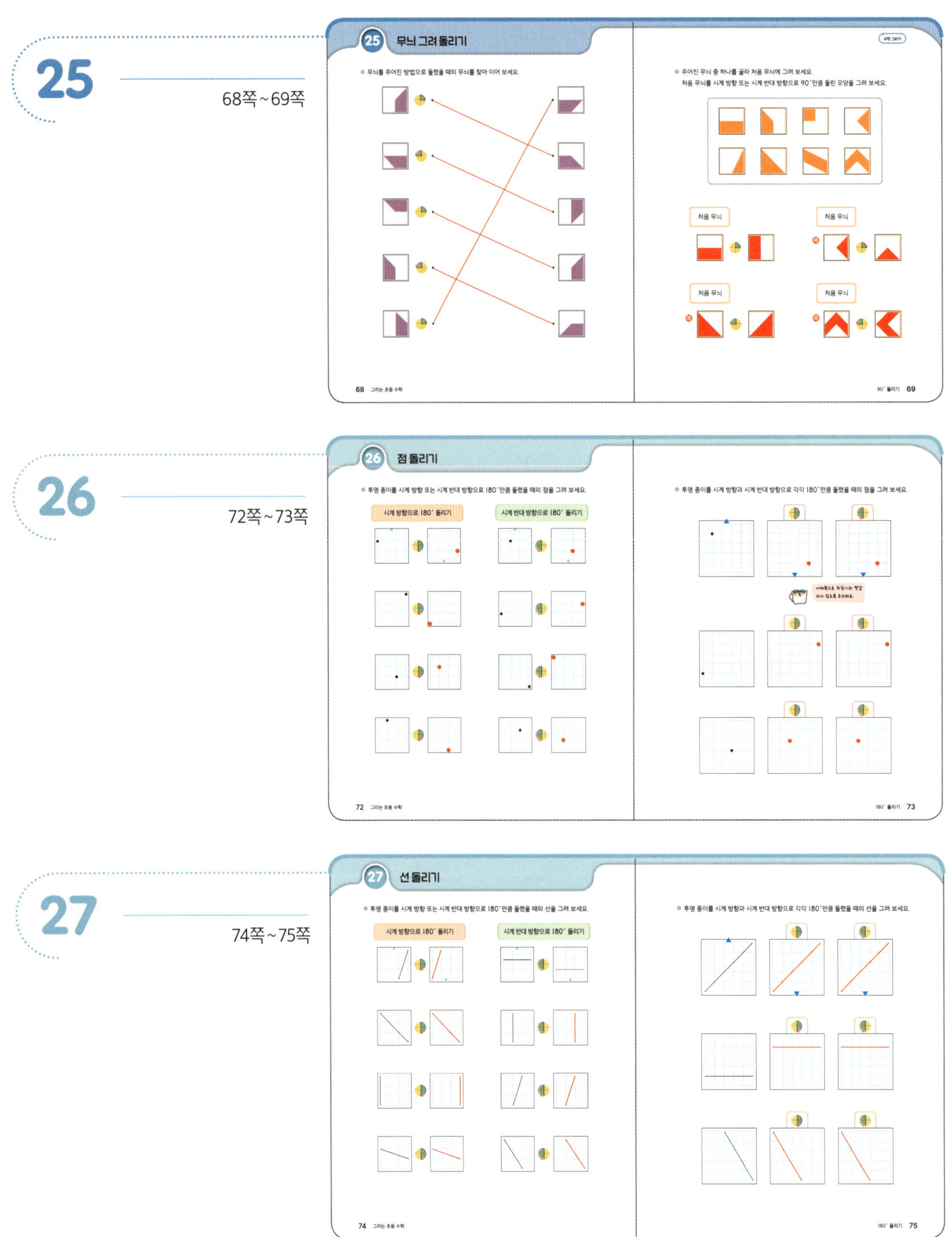

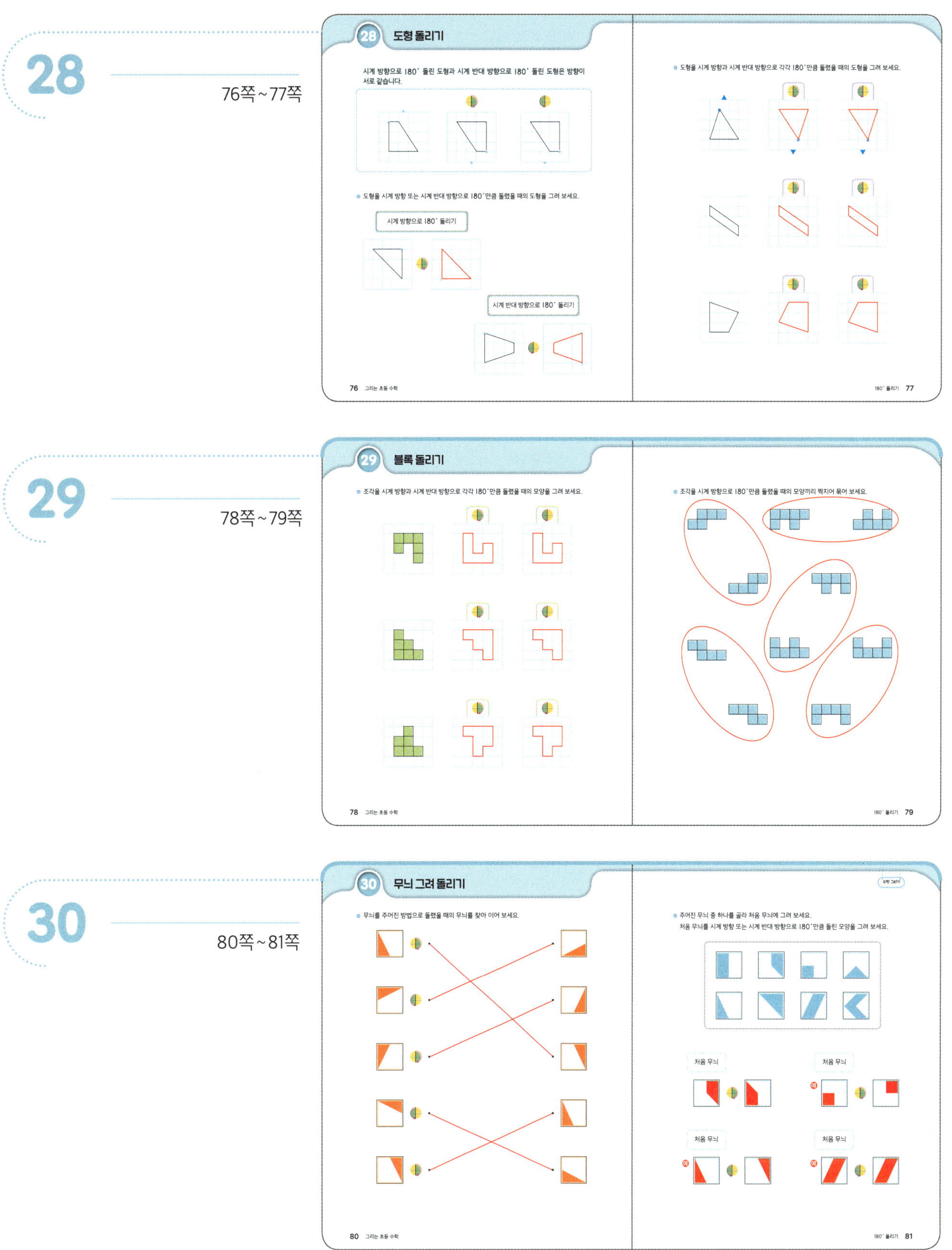

정답

31 84쪽~85쪽

32 86쪽~87쪽

33 88쪽~89쪽

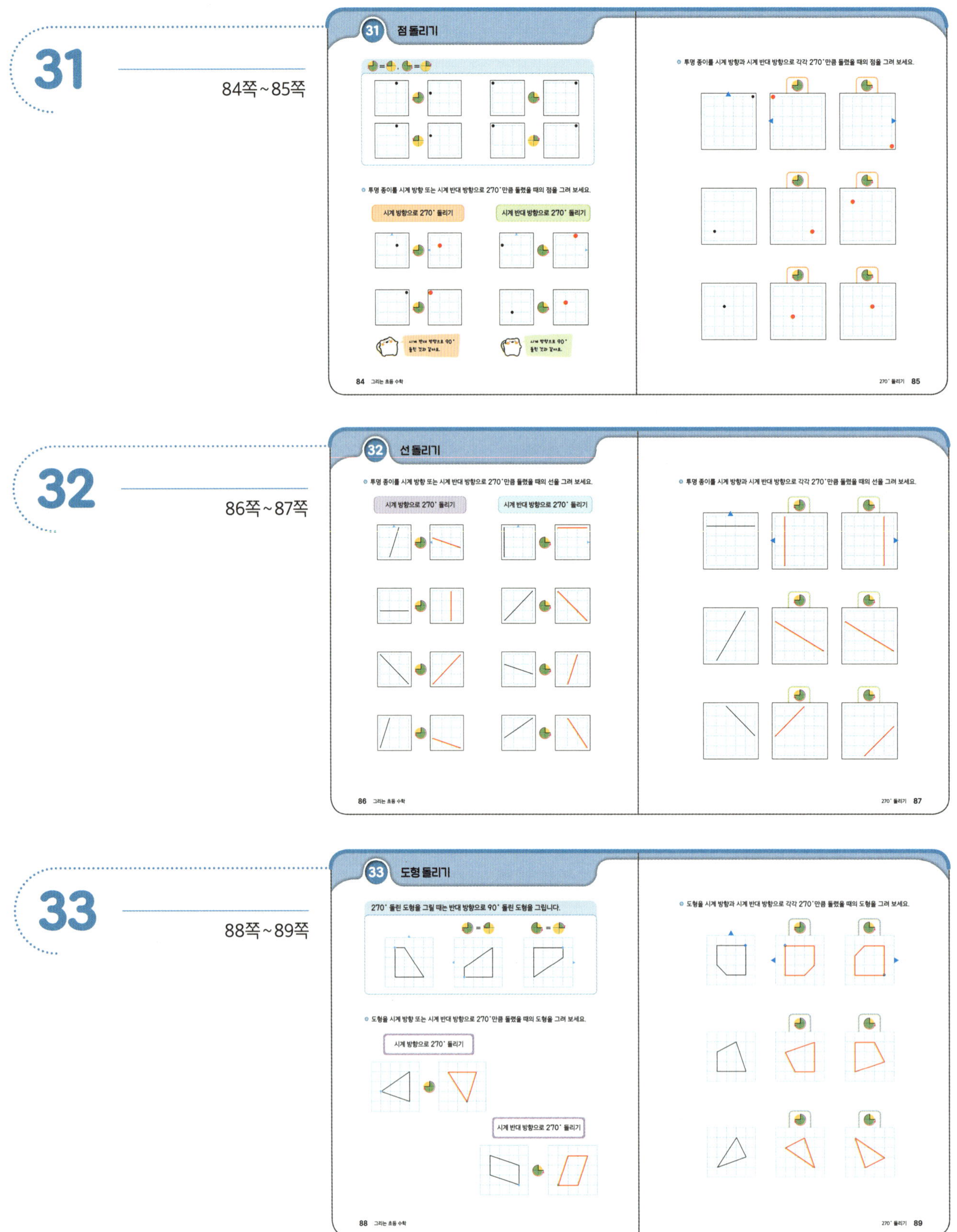

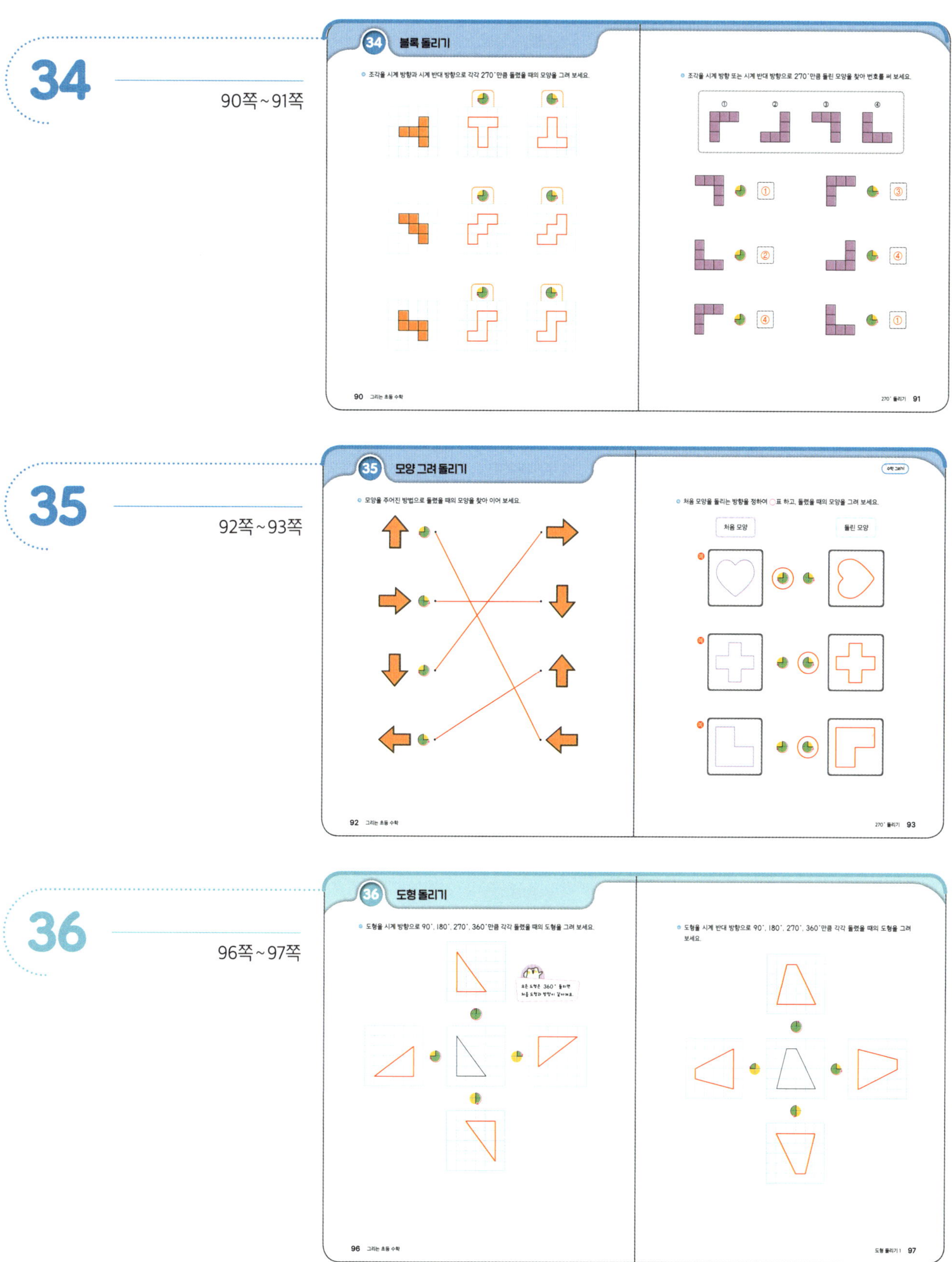

34
90쪽~91쪽
35
92쪽~93쪽
36
96쪽~97쪽

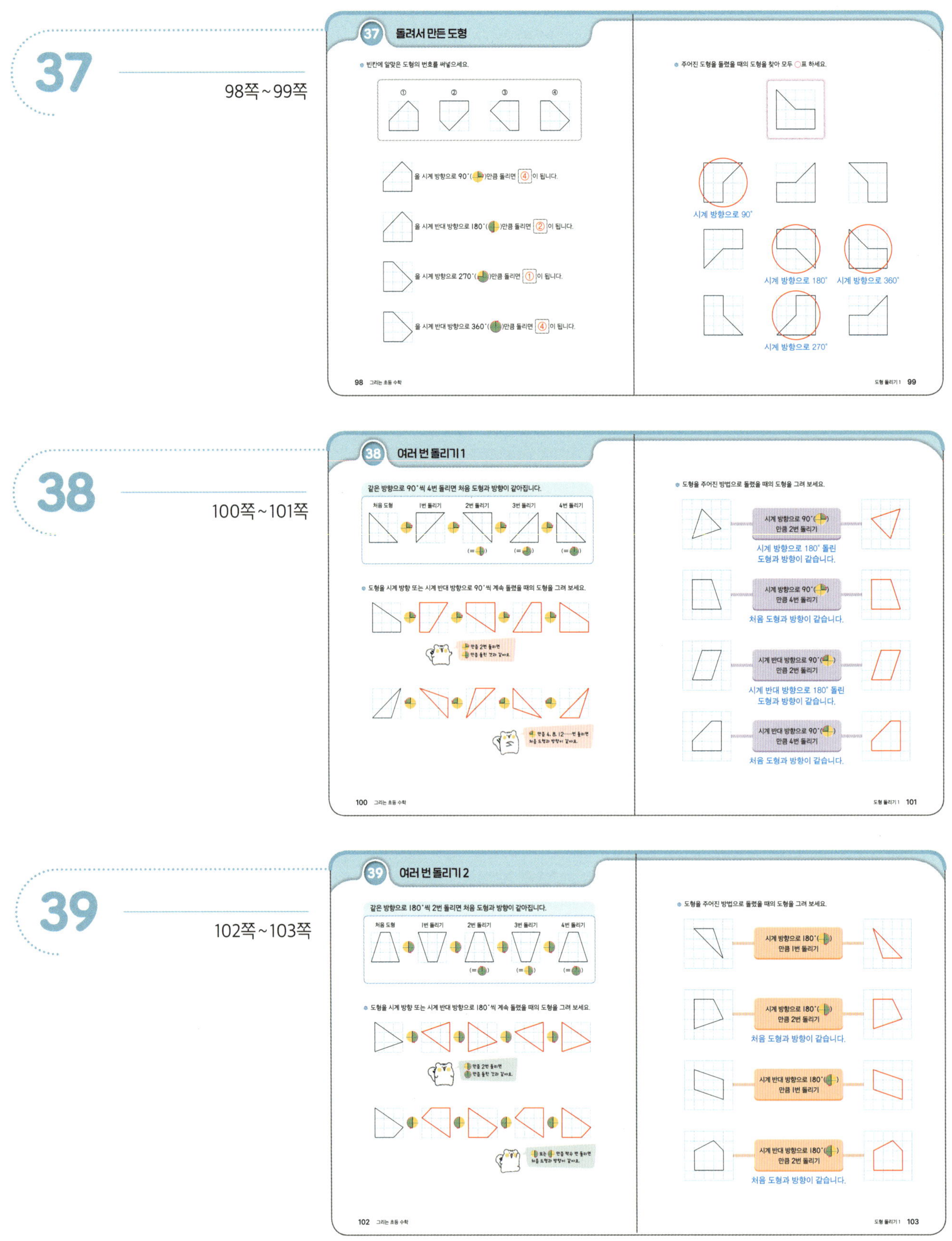

37
98쪽 ~ 99쪽

38
100쪽 ~ 101쪽

39
102쪽 ~ 103쪽

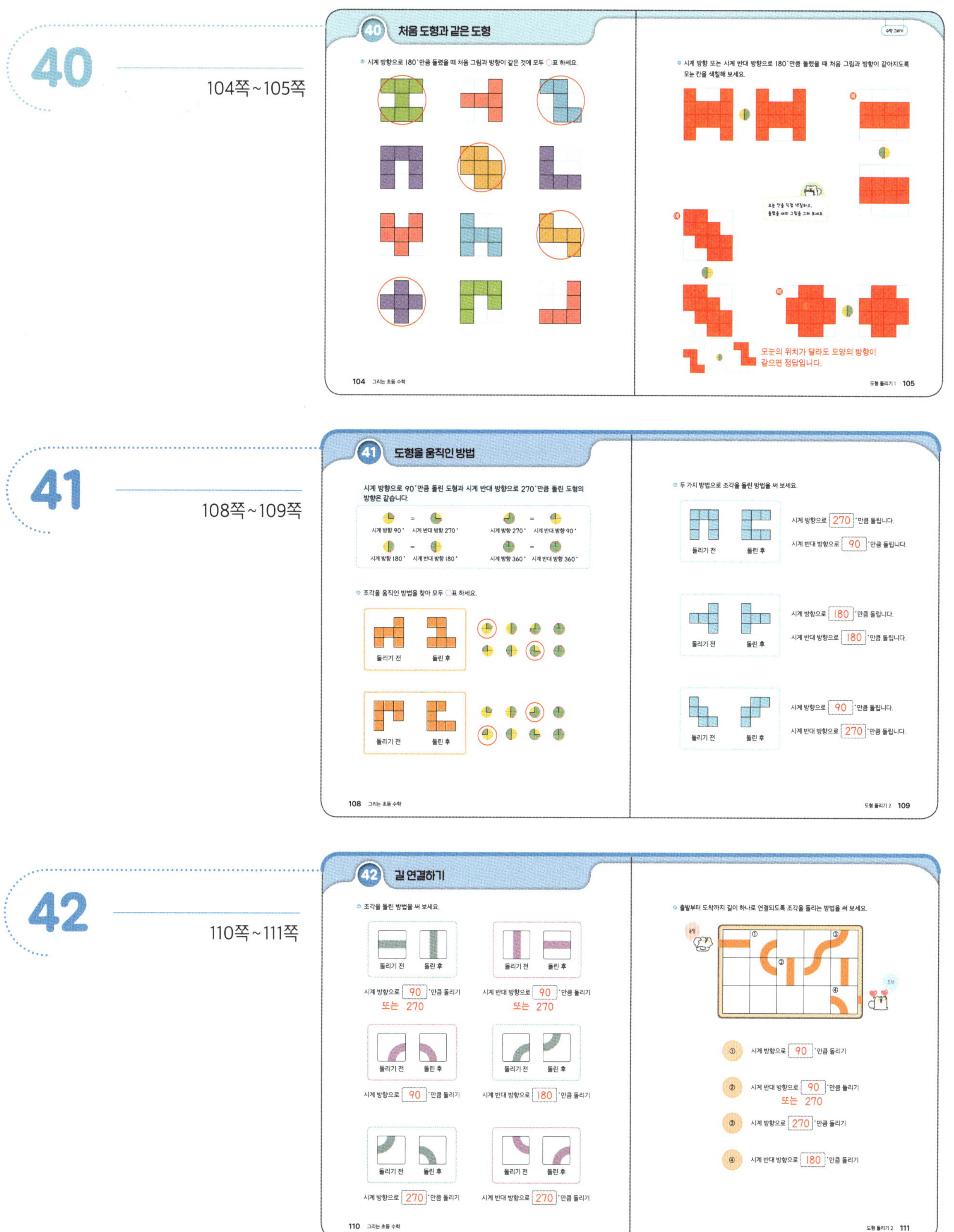

43 112쪽~113쪽

44 114쪽~115쪽

45 116쪽~117쪽

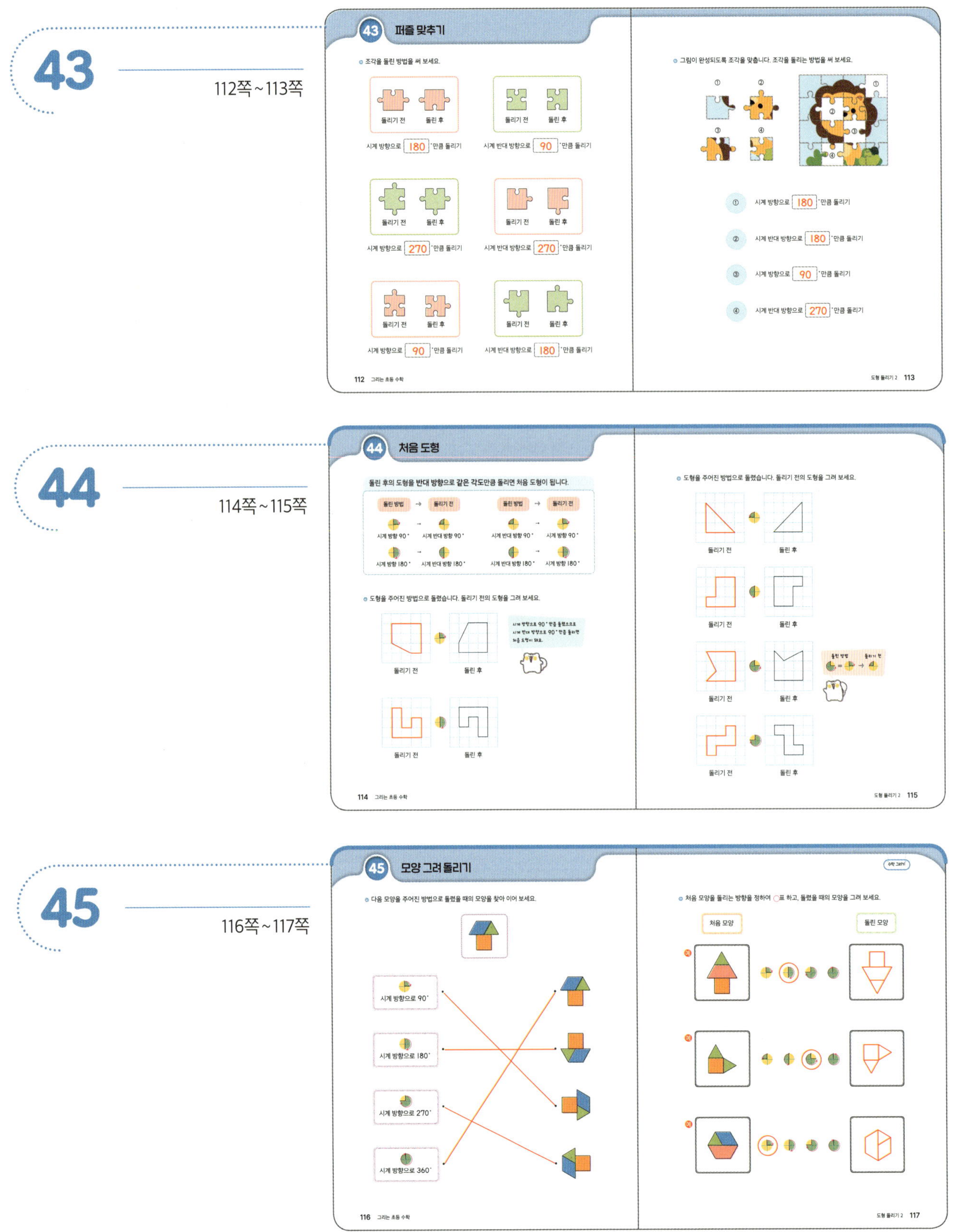

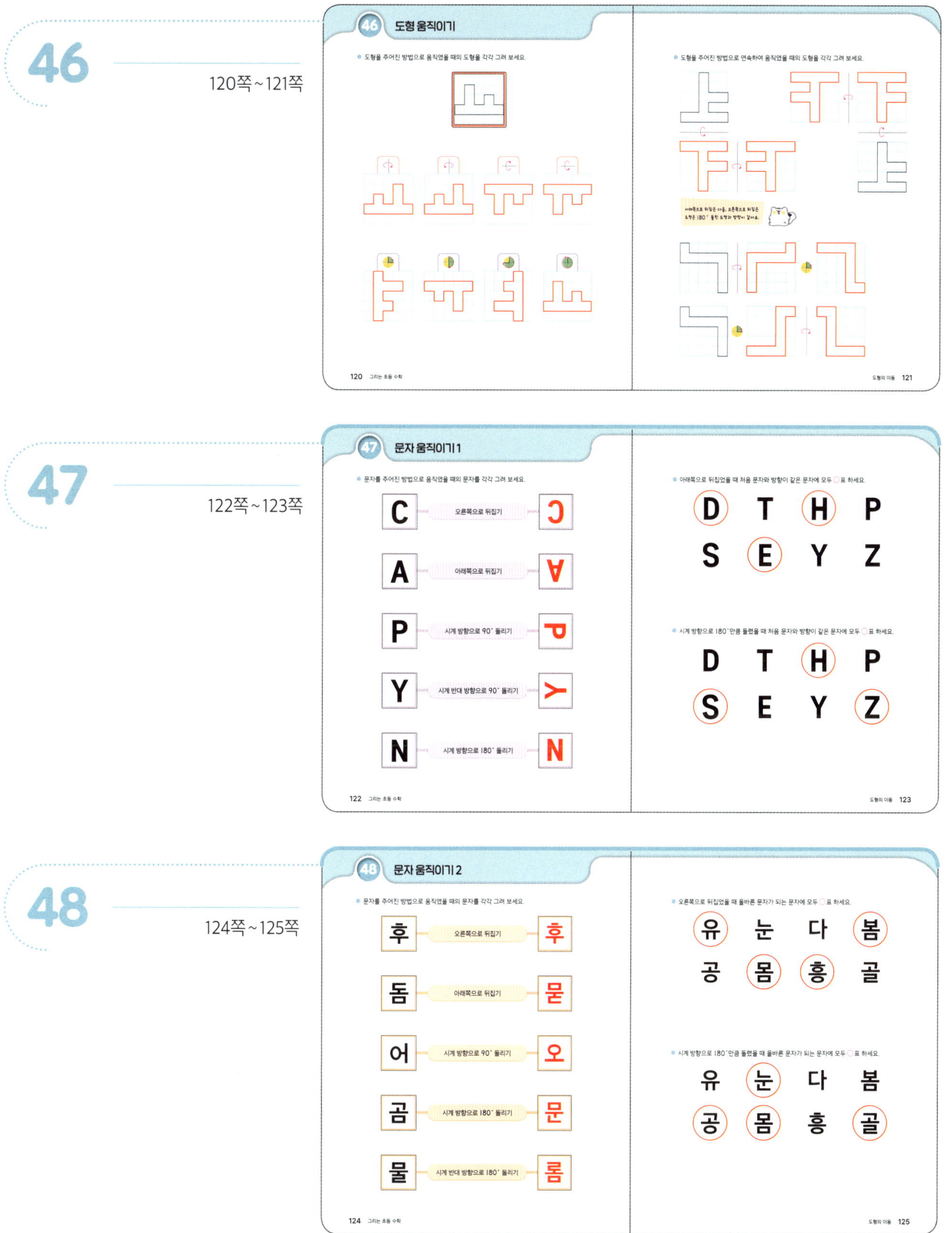

49 126쪽~127쪽

50 128쪽~129쪽

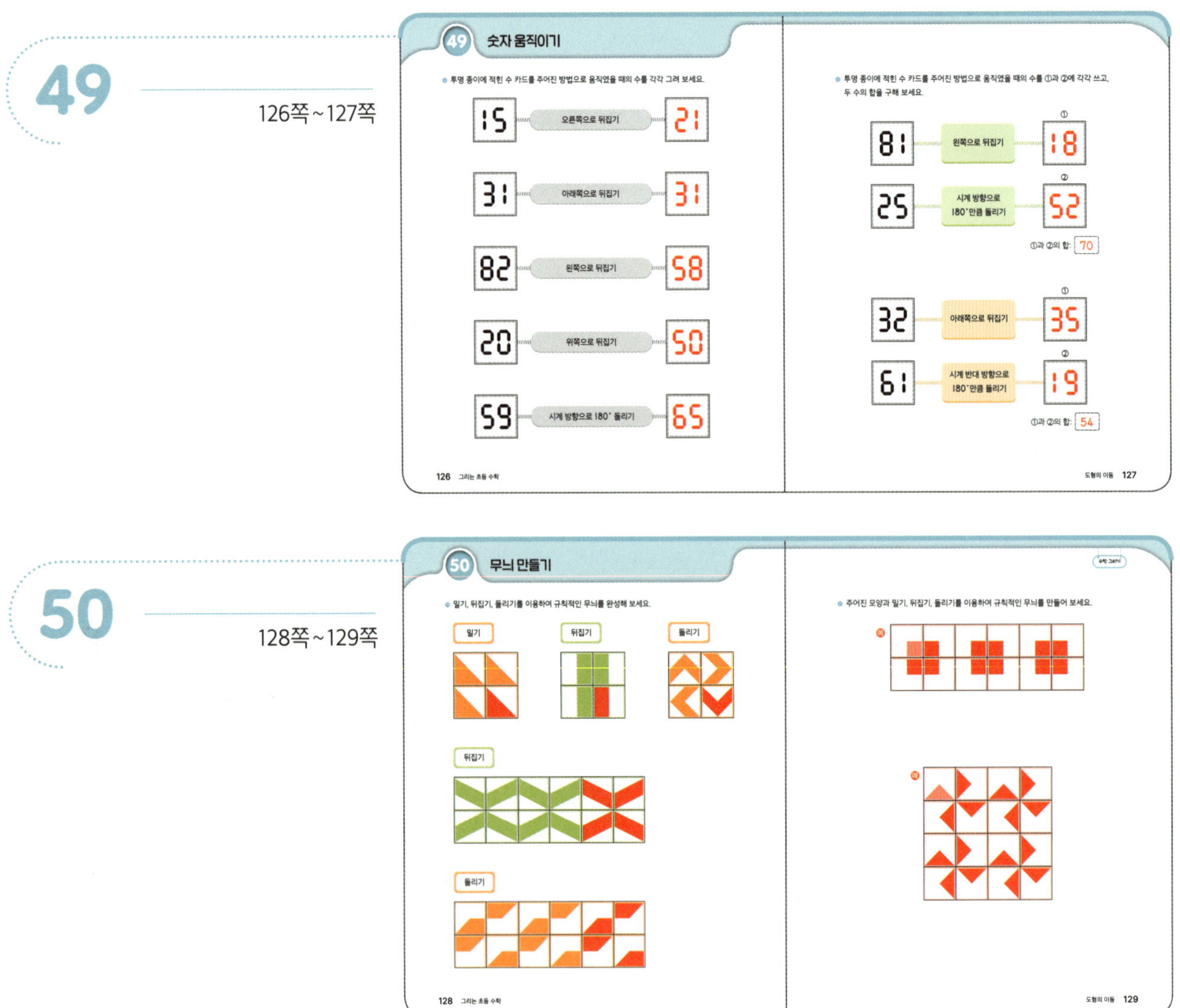